はじめに

藁の草履

稲藁は日本の稲作農業の長い歴史の中で、人々の生活のすみずみに活用されてきました。衣類、運搬具、玩具など、さまざまな生活用品が日常的に作られましたし、米に対する信仰心から、注連縄《しめなわ》、道祖神、藁馬などの神具も作られて、豊作や無病息災を祈願しました。藁は日本人の心の奥深くまで浸透し、人々の生活を支えて来たのです。

雪に閉ざされた季節になると、人々は納屋や草鞋《わらじ》小屋に集まって、1年分の藁草履や足中《あしなか》などの生活用品を作りました。囲炉裏《いろり》で暖をとり、馬鈴薯を焼いて世間話に花を咲かせながらの作業です。足中は、1日に20足ほどが作られたそうです。

ところで、1901年の警視庁による跣足《せんそく》禁止令が出るまで、跣足が一般的でした。子どもたちは裸足で大地を踏みしめ、遊んでいたのです。草履や足中は、おもに山仕事や田仕事で用いられていました。藁草履は、ほころびを補修されながら使われ、履けなくなると燃やされました。藁灰は肥料として大地に戻され、新たな稲の生命を育んだのです。

布の草履

昔、着古されて柔らかくなった浴衣は、赤ちゃんのおむつにされ、その後は雑巾にされました。同じように、布の草履は不用になった衣服を裂いたり、切ったりして再生します。役目を終えた衣服は草履に姿を変えて、今度は足元を保護してくれます。

着古した浴衣やTシャツで作られた布草履の感触は素足に優しく、夏季には手放せません。ウールやジャージは温かいので冬季に。ジーンズや革は庭仕事用にぴったりです。こんなふうに、用途別に素材を変えてみるのもいいでしょう。

布の草履と藁の草履、どちらも軽やかで履き心地のいいものです。近年は、足の健康にいいと愛好者も増えています。それぞれの違った素材の感触を楽しんでください。

布草履・藁草履を作ろう……目次

第1章　草履のいろいろ

レトロな味わいの藁の草履

藁草履

かつては、広く農家で作られ、全国の農山漁村で日常に着用されていました。早い人は、藁草履1足を30分で作っていました。

足半《あしなか》

足の半分ほどまでの大きさであることから、足半と呼ばれています。裸足が一般的だった当時、活動に適したため、武士たちが着用していました。藁草履の最も古い様式ですが、いまも岐阜県の長良川鵜飼のときには、鵜匠さんが、船の上で滑り止めとして履いています。

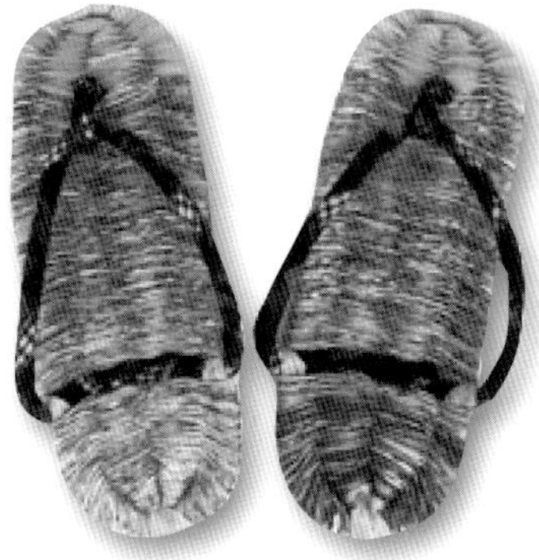

竹の皮の草履

稲藁のほかにイグサや麻、藤なども草履の材料になりました。藁よりも堅く、きりりと引き締まって堅牢な仕上がりになります。

活動的な草鞋

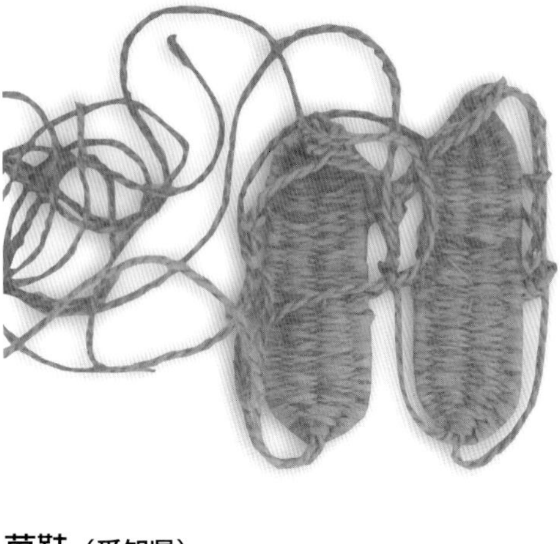

草鞋（愛知県）

長途の旅行や山仕事に履かれました。足裏に密着して、足指が台より前に出るために、活動に適していました。

藁で作られた温かい雪靴

稲作文化圏の日本は、お米の副産物である藁から、バンドリやショイ籠、米俵、モッコ、蓙《ござ》、七夕馬、人形など、さまざまな生活必需品が作られました。藁打ちをすると多孔質の構造になるので、保温性や吸湿性に優れた衣服の材料になり、蓑や蓑帽子、手袋、雪沓などが作られて、雨や雪から人々の体を守りました。

深沓（秋田県）

沓の履き口には紺の木綿地が付きました。もっぱら雪道を歩くのに着用されましたが、農家の味噌踏みや酒造家の麹づくりにも用いられました。

カジカシベ（秋田県）

凍り付いた路上や雪道で滑らず、軽くて温かな履物でした。

牛馬の沓（愛知県）

雪氷で足が滑るのを防いだり、農耕や運搬作業の際に足を保護するために履かせました。1足で1里（4km）歩けました。左右に乳《ち》が付いている構造は、人間の草鞋とよく似ていますね。

現代感覚で楽しめる布の草履

着なくなった服がタンスに寝ていたら、思い出と一緒に編み込んでリサイクルしましょう。手作りの温もりが足に柔らかくフィットして、足にやさしく伝わります。

〈完成品22cm　180g〉

着物地で

ちょっと贅沢な柔らかな絹の肌触りが、疲れた足を優しくねぎらってくれます。

〈完成品23cm　290g〉

ジーンズ地で

ゴワゴワ感が気持ちをしゃきっとしてくれるようです。婦人用のジーンズで、ちょうど2足できました。

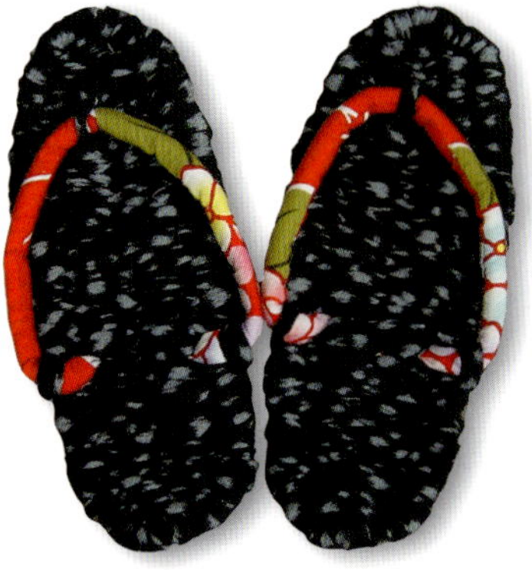

〈完成品22.5cm　180g〉

着物地で

かすり模様は、懐かしい祖母の思い出とつながります。

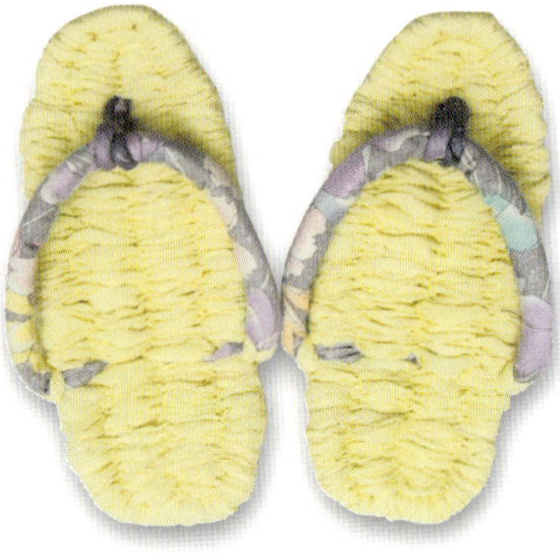

〈完成品22.5cm　180g〉

草木染めで

刈安で染めた黄色。ススキによく似た多年草で、伊吹山に多いことから近江刈安と呼ばれています。

いろいろな素材で作る

サラッと爽やかなもの
柔らかくてふんわりしたもの
さまざまな風合いを楽しみましょう。

〈完成品23cm　165g〉

ジャージは

　柔らかく足によくなじみます。横緒に花飾りを付けました。

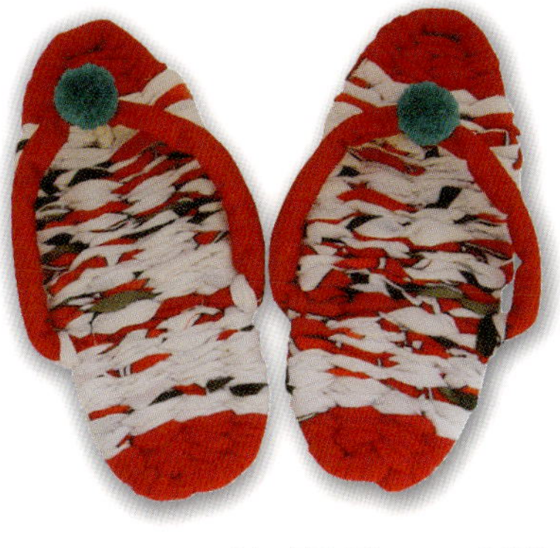

〈完成品21cm　160g〉

浴衣地で

　さらっとした感触の肌触りがさわやかな気分にしてくれます。

〈完成品14cm　100g〉

タオル地は

　ふっくら、ふんわりと湯上がりに心地よい肌触りです。

白い布は草木染めにして

河原やあぜ道などで見つけたススキ、ヨモギ、ヒメジョオン、セイタカアワダチソウ、臭木などで染めたり、庭木や垣根を選定して出るサクラ、ウメ、マツ、カキ、イチイの枝や葉で染めたり、台所の飲みそびれてしまった緑茶や紅茶でも染められます。自然界の大方の植物が染料になると言えるでしょう。

秋になると子どもたちの大好きなドングリが実ります。コナラ、アラカシ、シラカシ、カシワ、クヌギ、マテバシイなどのドングリで染めましょう。いろいろなドングリと一緒に殻斗《かくと》も集めます。布は、絹がよく染まりますが、ここでは木綿地を染めました。

染色の基本的な手順

❶ 染液を作る

1番液　コナラ、アラカシなどのドングリ500gを、飛び散らないようビニール袋に入れ、金づちで叩き粉々にする。
ステンレスかホーローの鍋に、粉々にしたドングリを5ℓの水で30分ほど煮沸する。染液をポリ容器にあけて、一晩静置して沈殿物を除く。

2番液　1番液で使ったドングリを再度煮沸する。

❷ 染液に付ける

1番液と2番液を合わせた染液で、500gの布を10分煮染する。
ムラができないように、ときどき布を動かして煮染する。室温で冷ます。

❸ 媒染液に浸す

酢酸アルミニウム20gを5ℓのぬるま湯（25℃）に溶かし、布をときどき動かしながら30分間浸す。

❶

❹ 染液に付ける

染液を再び熱し、媒染した布を浸して、ときどき動かしながら15分間煮染する。一晩置いて冷ます。

❺ 布を水洗いする

水5ℓに中性洗剤10ccを加え、しっかり洗う。

❻ 脱水して干す

竿にタオルをかけた上に染めた布をかけ、陰干し。金属の洗濯バサミは使わない。
（さらに濃い色に染めたいときは、3番液、4番液で煮染し水洗いして干す）

鉄媒染

アルミ媒染

身近にある玉葱で染める

台所で出るタマネギの外皮で、黄色に染めましょう。ミョウバンで赤みの黄色、アルミ媒染で黄土色、銅媒染で金茶色、鉄媒染で黒緑味の茶色に染まります。ここでは、入手しやすいミョウバンを使い、木綿のTシャツを染めました。

染色の基本的な手順

❶ 染液を作る

染る布が浸りきる分量の水に玉葱をひたひたに入れ、煮沸した後、ざるで漉す。

❷ 染液に付ける

染液に布を入れ、煮染して冷まします。染めムラができないように、布を動かす。

❸ 媒染液に浸す

布の重さに対し8%のミョウバンを、布が十分に浸る量のお湯（25℃）に浸す。

❹ 染液に付ける

染液を再び熱し、媒染した布を浸し煮染する。そのまま一晩おく。

❺ 布を水洗いする

水5ℓに中性洗剤10ccを加えしっかり洗う。

❻ 脱水して干す

竿にタオルをかけ、その上に染めた布をかけて、金属に触れないように陰干し。

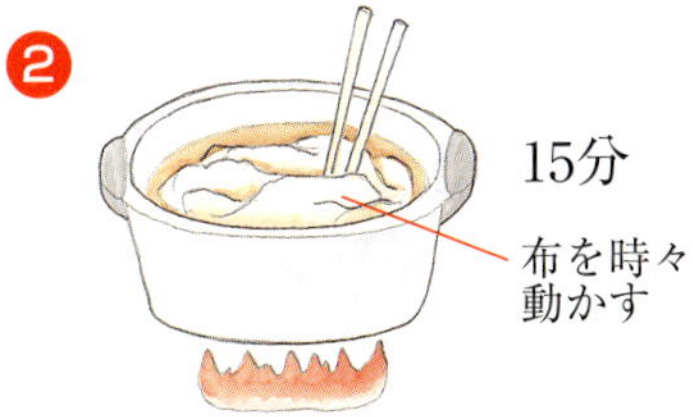

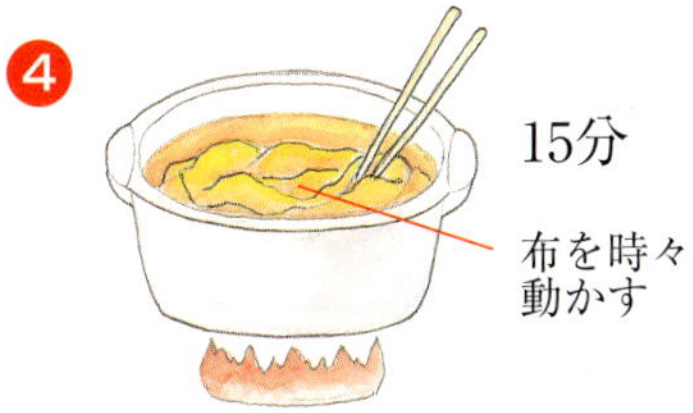

媒染剤の働き

布に染み込ませた染料を発色させ、固着させる働きをするものが媒染剤です。媒染剤には、ミョウバン、鉄、銅、アルミニウム、灰汁、石灰液などがあります。同じ染料を使っても、媒染剤を変えると異なった色に染まります。使用量は、布の重さに対しミョウバン8%、鉄2%、銅3%、アルミニウム5%で淡い色に染まります。濃くしたいときは、分量を多くします。絹やウールは控えめに、木綿や麻は多めに使用します。媒染剤や染料の量、染める布によって染め上がりが異なります。いろいろお試しください。

ミョウバン媒染

鉄媒染

第2章　配色を楽しむ

色はどの色も美しい

色はどの色も美しいのですが、よい配色相手を見つけると、それぞれの色は生き返ったように輝き始めます。画家たちは、自然界から色を学びます。草花の色、チョウやトンボ、秋の紅葉、夕日に輝く空の色……あなたも光と色で溢れている自然界から配色を探してみてください。色の環を使って、どんな配色が自分の好みなのかいろいろ試してみましょう。

調和する配色

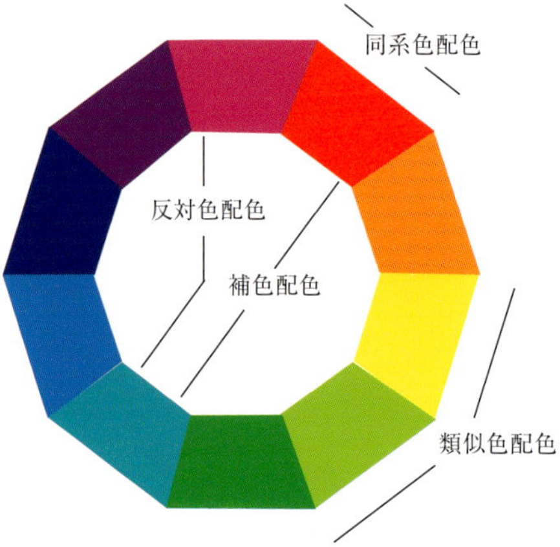

同系色配色

同色相の濃淡、明暗、純色、鈍色などで配色します。同じ色が含まれている一家族として、違和感なく調和します。

類似色配色

隣り合う色相を配色します。色のトーンに差を付けると心地よい配色に、しぶい色どうしを配色すると高級感や歴史感のあるシックな配色になります。

反対色配色

色相差の比較的大きい配色です。難しい配色といえます。空の色、樹木の色、花の色など自然界の色に合わせた配色にすると、調和しやすくなります。

補色配色

色相の反対側にある色と配色します。派手な配色なのでお祭りや遊び気分のときにはぴったりです。色のトーンに差を付けたり、淡いトーン同士を合わせたりして調和をはかります。

黄と青は補色の関係

色環のちょうど相対する位置にある色は、強くてはっきりした配色になります。右と同じような青い本体ですが、横緒の色が変わると雰囲気も変わります。

反対色の配色

明度差のある青い水玉模様に、太陽を思わせる赤い横緒を配しました。夕日に輝く海の風景がイメージです。

人に好かれるのはどんな色?・・・色に共通性をもたせる

人の色の好みは、千差万別ですが、強い色、淡い色、無彩色のうちのどれかに好きな色が当てはまるようです。

赤、黄、青のようなはっきりした色、ピンク、アイボリー、水色のように淡い色、白、黒、グレーのような無彩色が、現代人には好まれるようです。

柔らかい! 冷たい! 暖かい! 華やか? 若い?奇抜? 女性的? いろいろにイメージしながら配色を工夫してみましょう。

三本縄で三色にした優しい配色

明るいトーンの配色で安らぎと親しみのある草履になりました。横緒を少し短くして、鼻緒の足を長くしてサンダル風にデザインしました。

赤いリボンが華やかで強い配色

太い縄とリボンで華やかさを強調しました。冬に厚い靴下を履いたときは、鼻緒を長くすると履きやすくなります。

同じ模様で統一をはかったしぶい配色

暗さを合わせて落ち着いた配色にしました。星の模様が同じ色なのもマッチする原因です。鼻緒の先をピンと立てた飾りを付けました。

同じ色相の配色で軽快に・・・同系色の配色

同系色の配色は、色相を同じにして明度差や濃淡の差で配色します。

ブルーの濃淡が軽やかでさわやかな配色

同じ色がどの色にも含まれている仲良しグループなので違和感なく配色できます。

私たちの身近で最もよく使われている配色といえるでしょう。

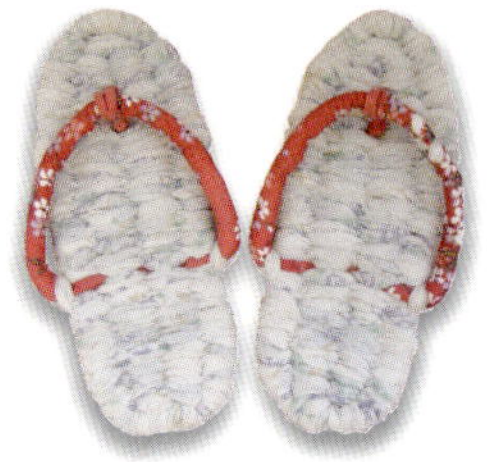

♪♪　親子でペアルック

使い古しのガーゼのシーツカバーを裂いて作りました。薄地なので幅を8cmに、通常より幅を広く裂きます。裂いて端の千切れた糸は、気にしないでそのままクルクルと巻いて使います。

Tシャツ地やシーツ地、浴衣地などの木綿地は作りやすい布地です。草履作りに初めてトライする方におすすめです。

模様に使われている色と同じ色を鼻緒にもって来ました。また、グレーはどんな色とも調和してくれる便利な色です。

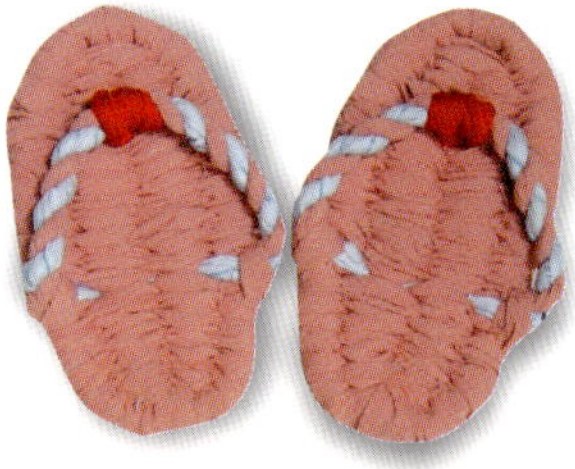

淡いピンクが赤ちゃんの色なら、真紅はお母さんの色、赤ちゃんとお母さんは、いつも一緒です。

第3章　草履サイズ表

草履を作るときの目安にしてください。型紙を作って型紙に合わせながら編みましょう。

足の長さ	草履の幅	横緒の位地	鼻緒の位地	横緒の長さ
25	10	17	5	27
23	9	15.5	4.5	25
21	8.5	14	4	23
19	8	13	4	21
17	8	11.5	3.5	19
15	7.5	10	3	17
13	7	9	3	15

（単位cm）

◆草履の名称

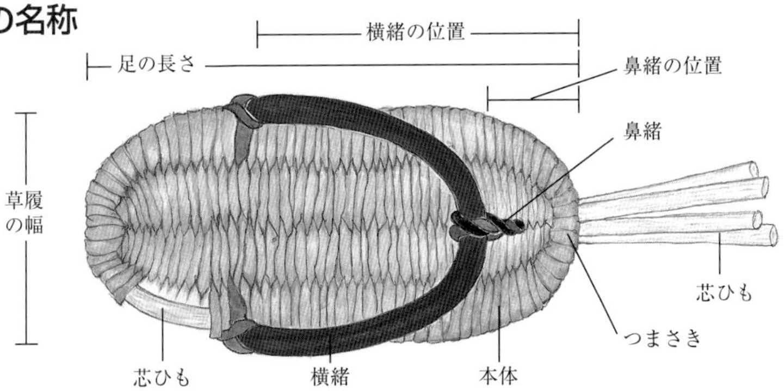

草履編みの仕組み　草履はこの編み方が基本になってできています

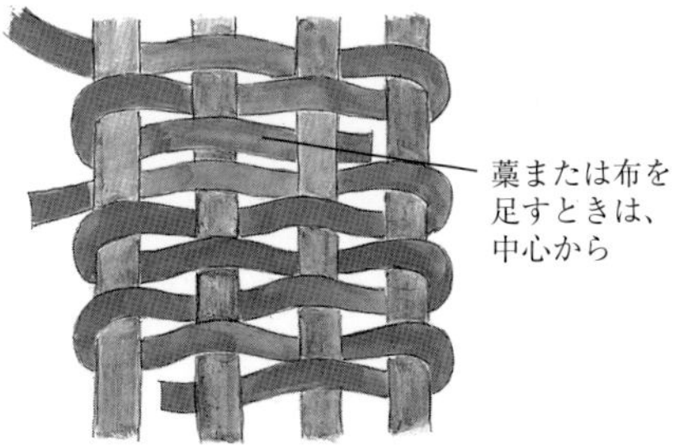

縦方向にある4本の芯縄に、上に、下に、上に、下にと入れ違いに通して編んでいきます。

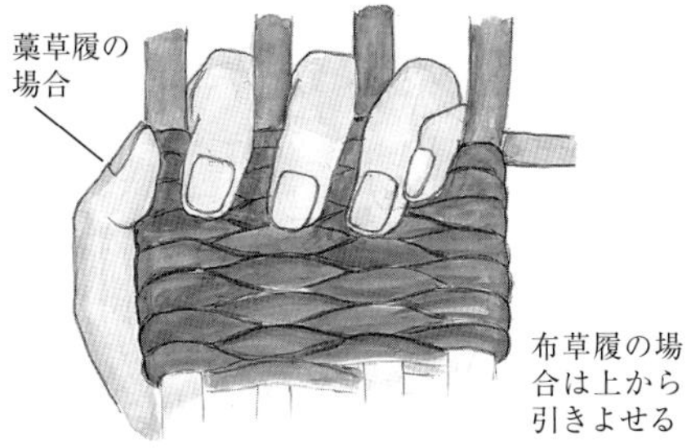

芯縄の間に4本の指を入れて、編んだ掌を手前にしっかりと引き寄せます。指の幅が草履の幅になります。

第4章　藁草履

秋はお米の収穫のときです。農家から藁をいただいてきましょう。農協や花屋さんにも置いてあります。200ｇの藁を用意します。草履23cmの大きさで、できあがりの重さは、140ｇになりますが、多めに用意しましょう。

藁草履を作る加藤美枝子さんとの出会い

豊田市松平町に地元の人たちが開いている野菜市場があります。セリ、ノービル、タケノコ、シイタケなどの山の味覚に魅せられて立ち寄るのですが、そこで加藤さんの藁草履に出会いました。赤や青の鼻緒の藁草履が5～6足いつも風に揺られながらぶら下がっていました。加藤さんは、初対面にもかかわらず筆者の草履の作り方を習いたいという願いを快く引き受けてくださいました。

「草履を作るのは楽しい」と言われる加藤さんですが、私にとっても草履にまつわるお話や鳥の声を聞きながらの山里での藁草履の制作は、普段味わうことができない至福の時間でした。

加藤さんの作る草履は履き心地がよくて、いまも山を訪れる人たちに親しまれ、愛されています(2001.5.12)。

1　藁を打つ

餅米の藁は、うるち米の藁と比べると粘り気があって、細工するのに向いています。制作中にちぎれたり折れたりしないように藁打ちをします。叩くことで弾力を増し粘り強くなりますし、多孔質になって保温性、吸湿性も増します。

◆木槌と藁

木槌は、カシ、マツ、ケヤキなどで作られています。台は、丸いおまんじゅうのような形の角のとれた直径30ｃｍ〜40ｃｍの河原石を地面に半分埋めて土台にしています。

木づちの寸法は、経14cm、長18cm、柄は経3cm、長15cmです。木づちは重く力が要りますが、重さを使って藁を打ちます。

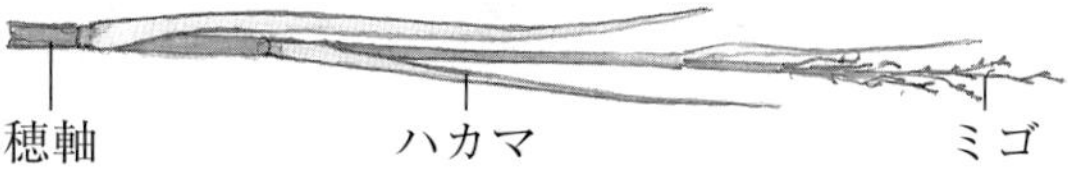

◆藁を湿らせる

まずは、藁を柔らかくするために水で湿らせます。霧吹器を使って120ccの水を吹き掛けます。藁を広げて、全体が満遍なく湿るよう均等に吹きかけます。湿らせた藁は、乾燥しないようにビニールシートで包み、半日から一晩置いて水を馴染ませます。（加藤さんは、湯飲みから水を口に含ん口で霧を吹きかけて、ゴザで包んでいます）

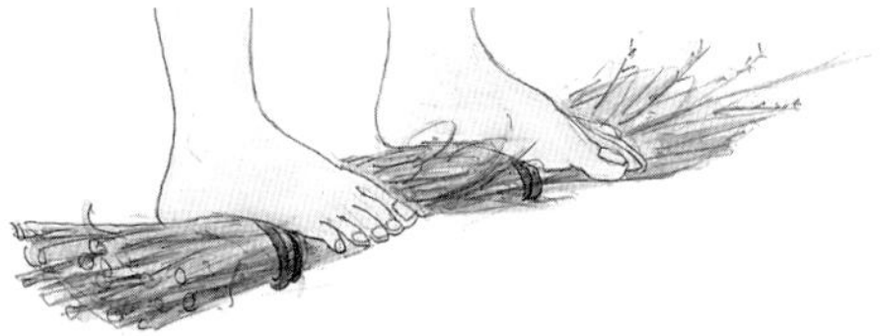

◆足踏み

❶藁を2カ所でくくって束にします。
❷束にした藁を足で踏みます。藁をまわしながら全体を万遍なく踏みます。

◆藁打ち

❶木づちで初めはそっと軽く叩きます。藁の束を左手で回しながら全体を万遍なく叩きます。
❷節の部分が柔らかくなったら少しずつ力を強くして叩きます。
❸叩いていると、縛った藁の束が緩んでくるので縛りなおしたり、束が不揃いになるので束を地面に立ててトントンと揃え直します。藁がペタペタになって柔軟でしなやかになるまでしっかり叩きます。とくに節の部分は入念に叩きます。
❹藁は乾燥するとちぎれやすくなるので、打ちワラは乾燥しないようにゴザでくるみ、その日のうちに加工します。草履を作っている間にどんどん乾いてくるので、霧吹器をそばに置いて藁にスプレーをかけたり、手を湿らせたりしながら作業をします。

2　芯にする縄を綯《な》う

◆縄の仕組み　縄には撚り方向の異なる右縄と左縄があります。

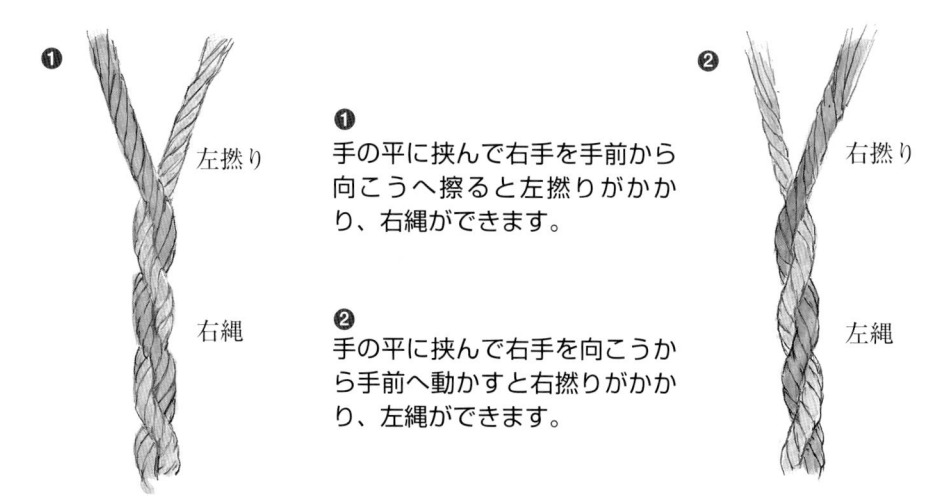

❶

❶
手の平に挟んで右手を手前から向こうへ擦ると左撚りがかかり、右縄ができます。

❷
手の平に挟んで右手を向こうから手前へ動かすと右撚りがかかり、左縄ができます。

❷

◆右縄の綯い方　立て膝をして座り足の指で藁を挟んで縄を綯います。

❶
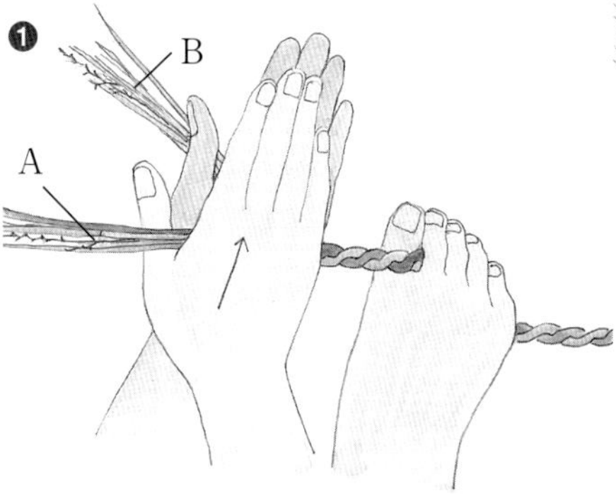

❷
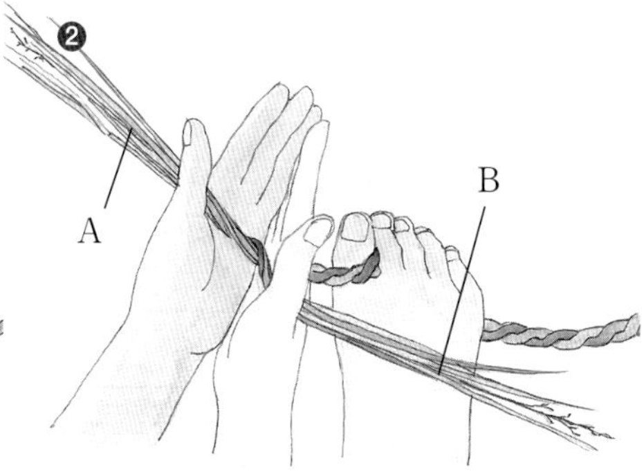

❶　(A)を右手の親指と人指し指で挟み、(B)を左手の親指と人指し指で挟んで、(A)を左手の母丘へ置きます。右手を擦るように向こうへ動かしますと、(A)と(B)が転がりながら左撚りがかかります。

❷　かけた撚りが戻らないように、(B)を右手の親指と人指し指で挟み、(A)を左手の親指と人指し指で挟んで、(B)を左手の母丘へ置くと(A)と(B)の位置が入れ替わります。右手を擦るように向こうへ動かします。

❸　❶と❷の動作をくり返します。(A)と(B)の場所が入れ代わりながら縄ができていきます。太さは、藁6本で8mmになります。

♪♪　昔は縄を綯える様になれば一人前とされました。縄綯いのコツがつかめるまでいろいろ試してみましょう。縄の代わりに布の草履に使っている荷造り紐や市販の縄を使用してもいいと思います。

◆縄の始めを止める

芯に使用する右撚りの縄を2本、綯います。掌を水で湿らせながら撚りをかけると撚りが掛かりやすく、藁にも強さが増します。

❶

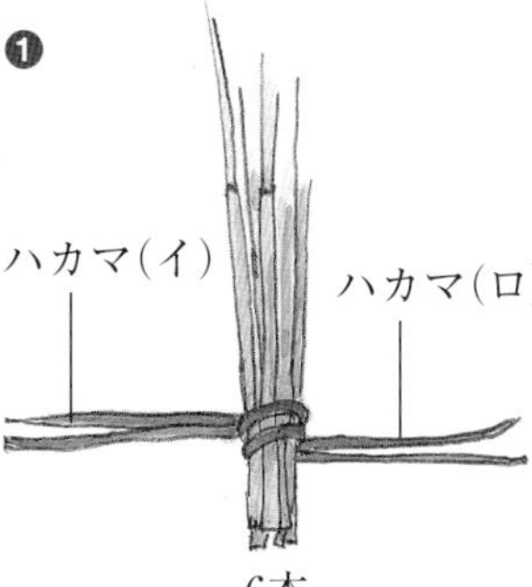

❷

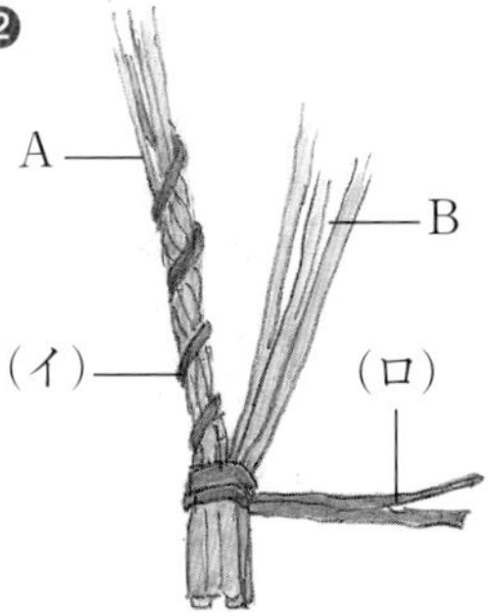

❸

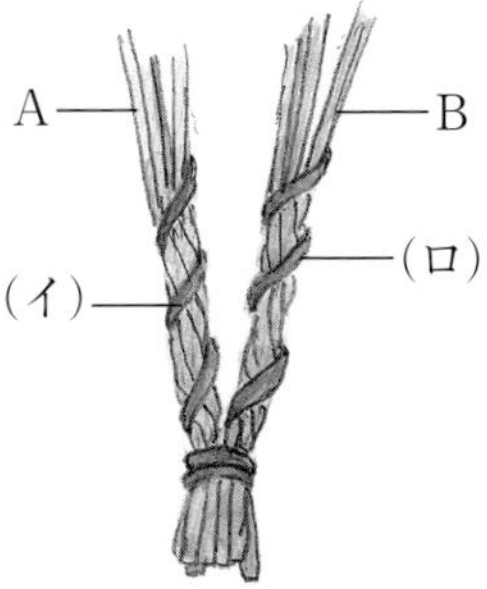

❶　縄の始まり部分になります。6本の藁を揃えて2本のハカマ(イ)で穂軸端に右へ一巻きします。

❷　藁を3本ずつ(A)と(B)に分けます。(A)にハカマ(イ)を添えて、左撚りを一度かけます。

❸　(B)に(ロ)を添えて左撚りをかけます。(A)と(B)で右縄を綯い始めます。

◆藁を足す

撚っている藁が穂先に近づくにつれてだんだん細くなります。残り10cmくらいになったところで、藁を一本足します。

❶

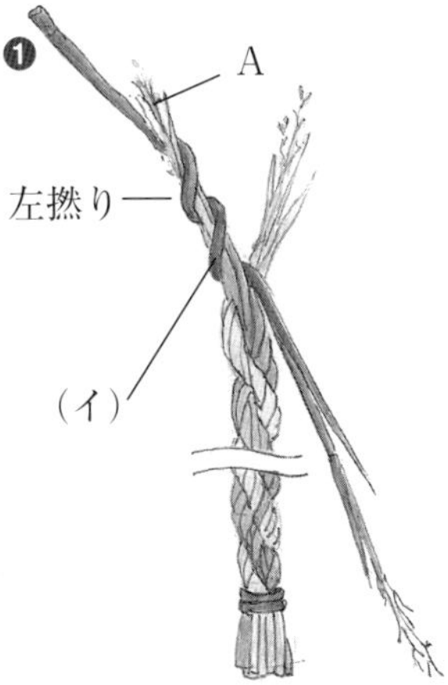

❷

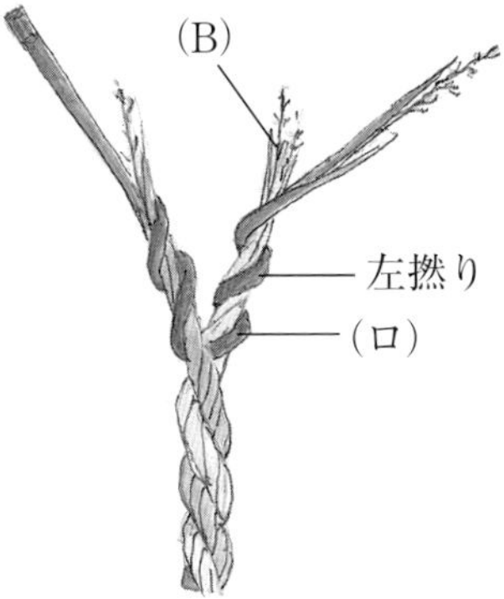

❶　藁を真中から半分にし、軸の方側の半分(イ)を(A)に添えて、左撚りをかけます。

❷　(B)にもう一方の藁の穂先きの方側半分の(ロ)を添えて左撚りをかけます。

❸　はじめの6本の藁の先が細くなって無くなりかけたところで、二本目の藁を足します。一本目と逆に(A)側に穂先を、(B)側に軸を添えます。軸の部分と穂先きの部分を交互に足すことで縄の太さが均一になります。先端が細くなるまでまで綯います。2回藁を加えるとおよそ90cmの長さになります。最後の先端部分だけに、右手を手前に擦って右撚りをかけると拠りが戻りにくくなり、縄が安定します。

❹　およそ90cmの長さの縄を4本作ります。

◆2本の縄をつなぐ

芯にする縄が4本できましたが、穂先の細くなったところを向かい合わせに重ねてお互いの縄にはめ込む様につないで、150cm～160cmの長さの縄を2本作ります。

❶

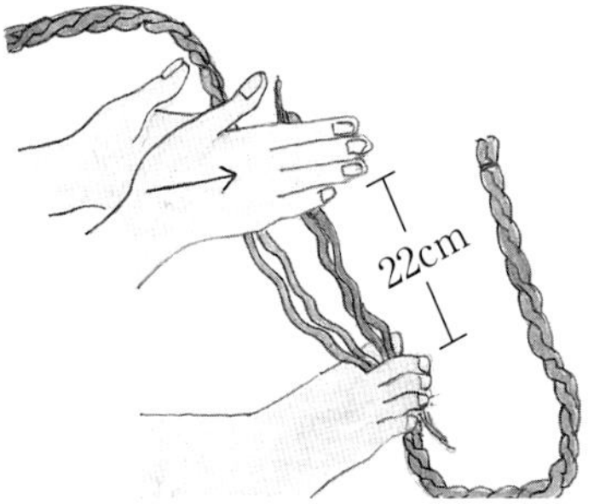

❷

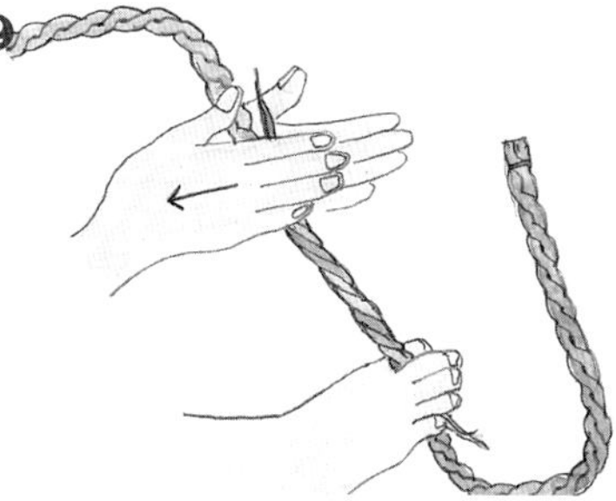

❶　2本の縄の穂先側を向かい合わせに30cmを重ねます。中心の20cmに左撚りをかけると縄が解けて4本になります。

❷　解れた4本を一緒にして右撚りをかけると、4本縄になります。

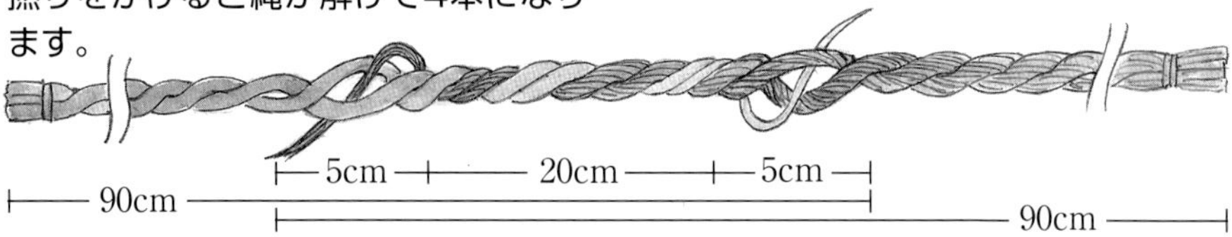

❸　先端の細くなっている5cmをそれぞれ縄の中へ挟み込みます。30cmの繋ぎ目は、右撚りを掛けて収まりをよくします。

◆縄に撚りをかける

つないだ縄にさらに撚りをかけます。縄の収まりがよくなって強くなります。

❶

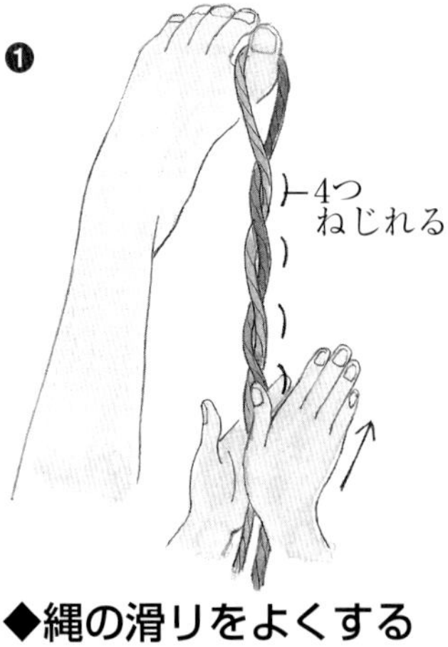

❶

縄の中心を足の親指にかけます。両掌で2本を合わせて挟み、右手を向こうへずらして縄を転がします。

❷

縄の両端を持ち替えながら、右撚りをかけると（16ページを参照）、4つねじれた縄が解けながら縄に撚りがかかります。

❷

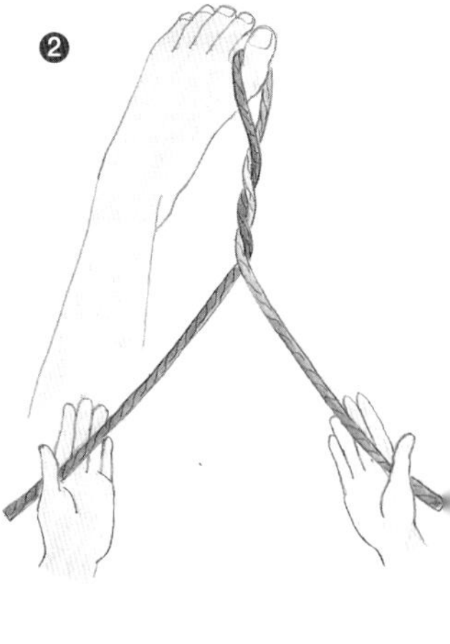

◆縄の滑りをよくする

屑の藁を束ねて4つに折ってたわしを作ります（25ページをご覧下さい）。たわしで縄を挟んで擦ると、細かいケバがとれます。擦っても取れずに出ているチクチクは、ハサミで切ります。艶もでてきます。

3　横緒を作る

◆布を巻く

横緒を作っておきます。幅3.5cm長さ60cmの布を用意します。布の切り口から糸がほつれにくい布がいいでしょう。9〜10本の藁に布を巻き付けて作ります。

❶

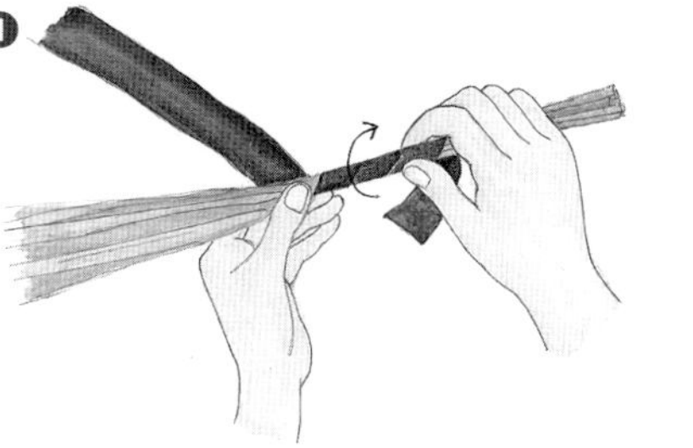

❶　藁を揃えて左手に持ち、10cmくらい入ったところで藁に布を巻きます。こよりを巻く要領で藁に対し布を斜にあて（40°）、巻いていきます。右手で布を持ってクルクルと右に回しながら、左手の親指と人さし指で布を持ち、藁に堅く巻き付くように持つ力を調節しながら巻いていきます。

❷

❷　布を25cm巻いたところで藁を2つに分けて、片方に布を巻き付けます。はじめの10cmも2つに分けて、片方に布を巻き付けます。

4　本体を編む

2で作った芯にする縄を使って、草履の本体を編みます。

◆芯縄の形

❶

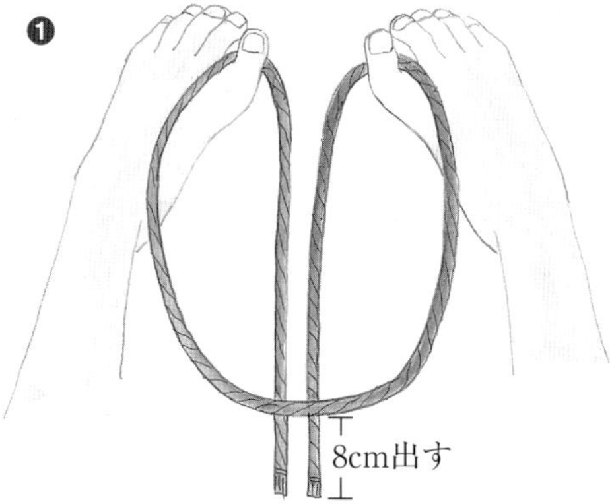

❷

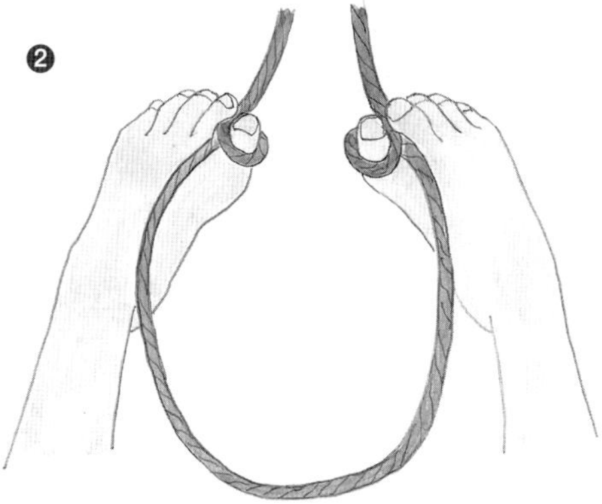

❶　長座になって足の親指に芯縄を掛けます。縄の端が8cm出るようにします。

❷　芯縄を親指に一度巻き付けて、親指と人指し指とで挟み芯縄がずれないように固定します。

◆編み始め　つま先より編み始めます

❶

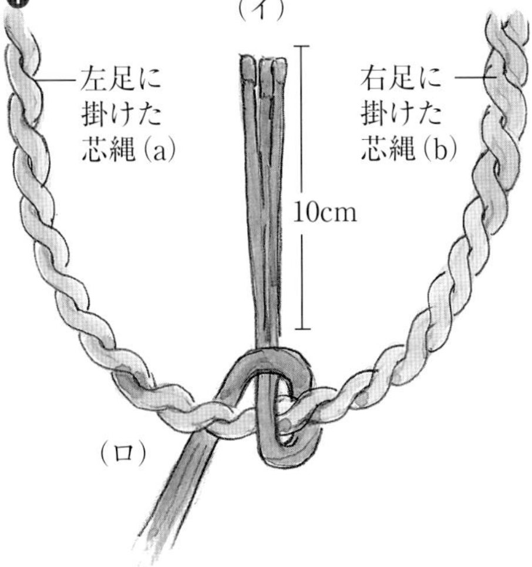

❶　藁を4本（細いときは5〜6本）を合わせ穂軸(イ)を10cm出して芯縄の中心上に置きます。ミゴ側の藁(ロ)で右芯紐(b)の下から(イ)の上を通って左芯紐(a)の下から左に出ます。

❷

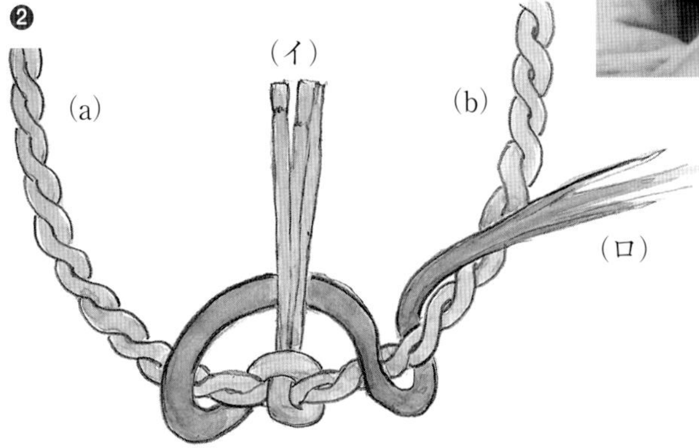

❷　堅く引き締めながら編みます。藁がゆるまないように人指し指、中指、薬指で各所を固定しています。(ロ)で(a)の上から(イ)の下をくぐって、(b)の上から下をくぐって(b)の上から右に出ます。

❸

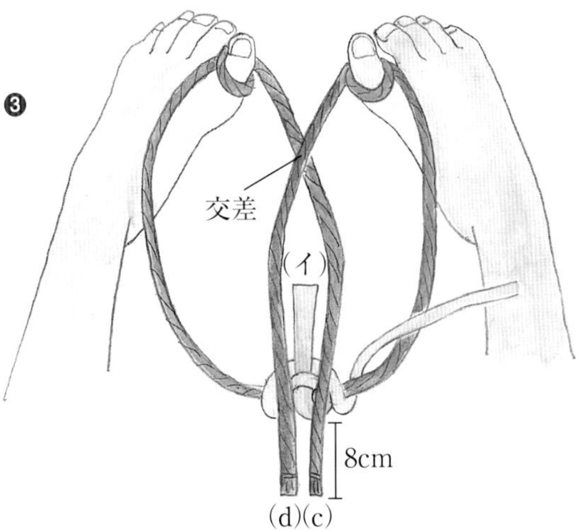

❸　足の親指に巻いてある芯縄(a)の先端を8cm出して(イ)の右側に置きます(c)。

芯縄(b)の先端を(イ)の左側に先端8cm出して置きます(d)。

芯縄(d)が(c) の上になって交差します。

❹

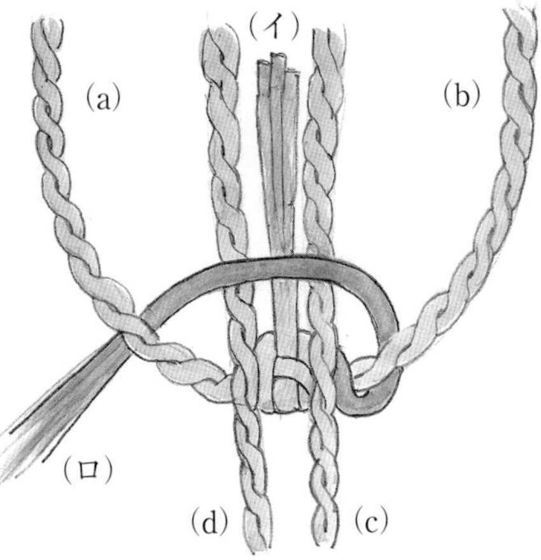

❹ (ロ) で(d) (イ)(c) の上、(a)の下から左に出ます。

❺ (ロ) で(a)の上から(d) (イ)(c)の下、(b)の上から左に出ます。
続いて(b)の下から(d) (イ)(c)の上、(a)の下から左に出ます。

❺

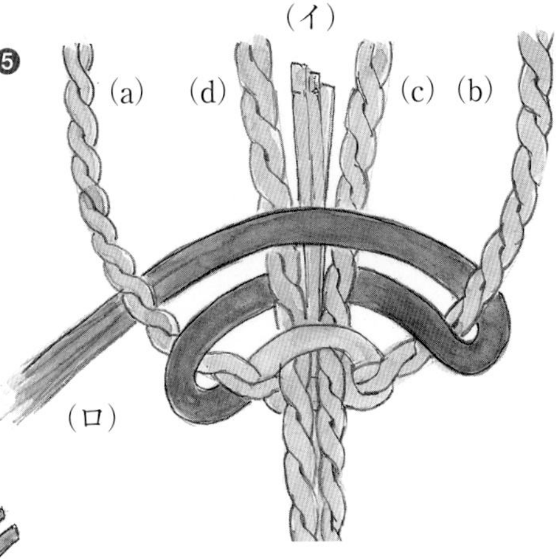

❻

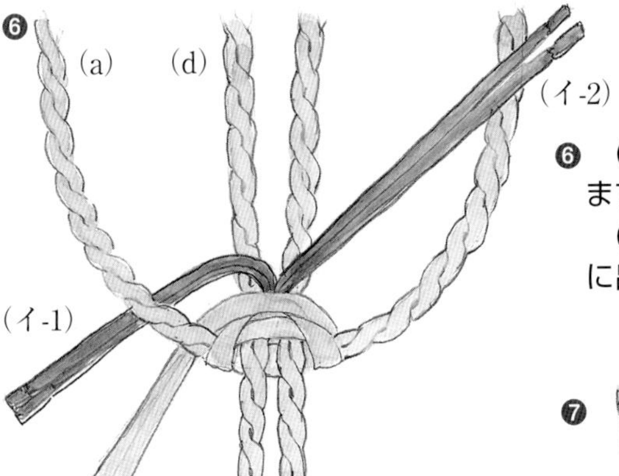

❻ (イ) を等分に左右2本ずつに分けます(イ-1)、(イ-2)。
(イ-1) で(d)の上、(a)の下から左に出ます。

❼ (イ-2) で(c)の上、(b)の下から右に出て(b)の上、(c)の下、(d)の上、(a)の下から左に出ます。(イ-1)と(ロ)を一緒に合わせて草履編をします。(草履編は13ページをご覧ください)

❼

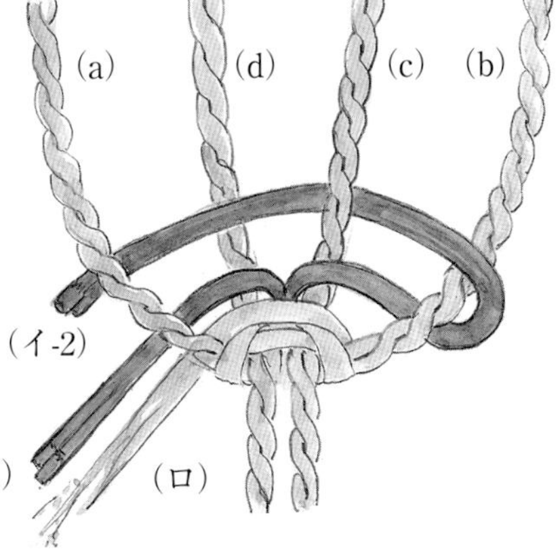

◆藁を足す　藁が短くなったら、3本ずつ藁を足しながら編みます。

❶
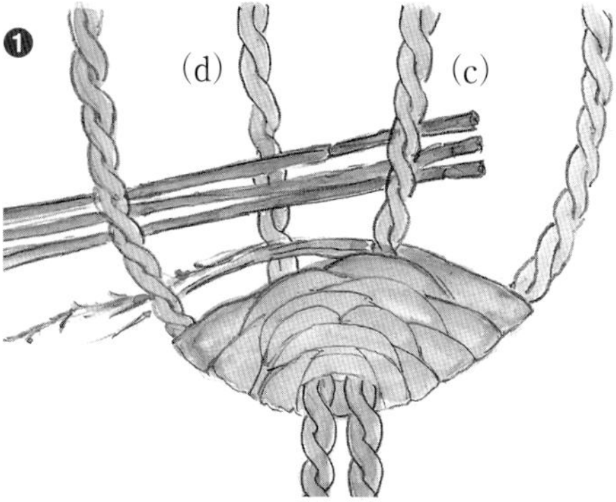

❷

❶　(d) と(c)の間から2～3cm裏に出るように足します。はじめに、左方向から足したら次は右方向から足します。足す方向を交互にすると、草履がいびつになりません。
　完成した草履の裏は、足した藁が入れ違いに出ています。(25ページのたわしで擦るの❷をご覧ください。)

❷　芯縄の間に指を入れて幅を調節し、しっかりと手前に引いています。本体を両手で包み込むように引いて、つま先の形をお皿のような丸みにします。

5　横緒を付ける

◆横緒の位置

　23cmのできあがりの場合は、15.5cmまで草履編みをします。ご自分の草履の場合は親指と人さし指を広げたところが、横緒を付ける位置です。

❶
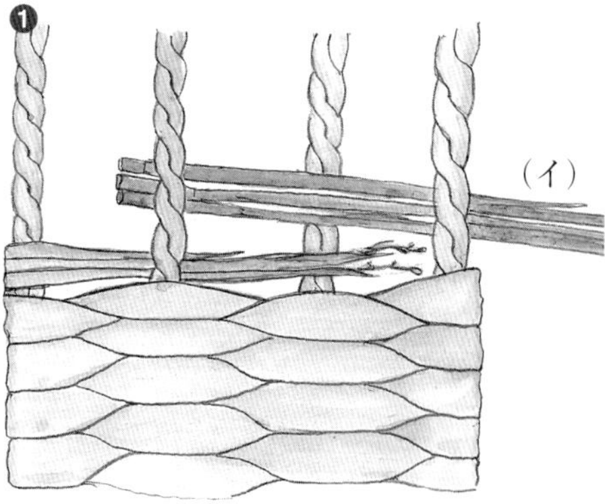

❶　横緒を固定するために、使う藁を3本足します(イ)。

◆横緒を付ける　19ページで作った横緒をつけます。

❶

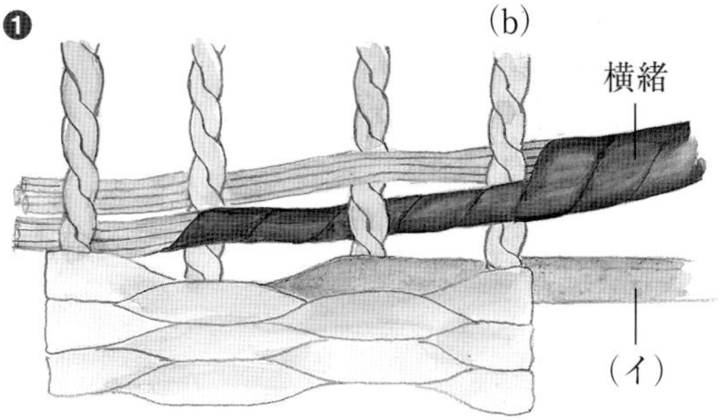

❶　横緒の穂軸側の2つに分けた際で芯縄 (b)を挟んで、草履編みをします。

❷

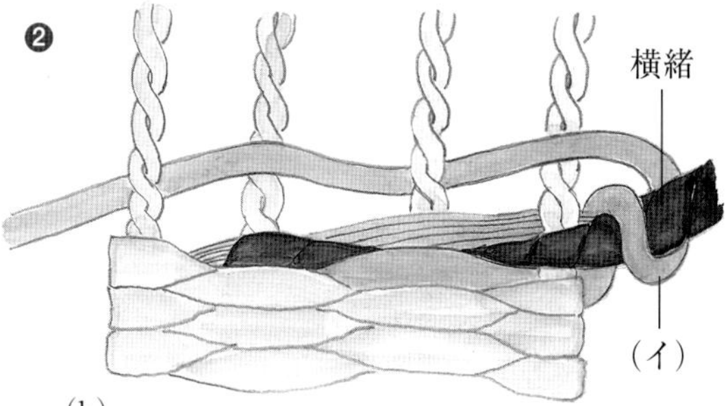

❷　固定用の(イ)で横緒の根元を堅く左巻きし、左へ編みます。

❸

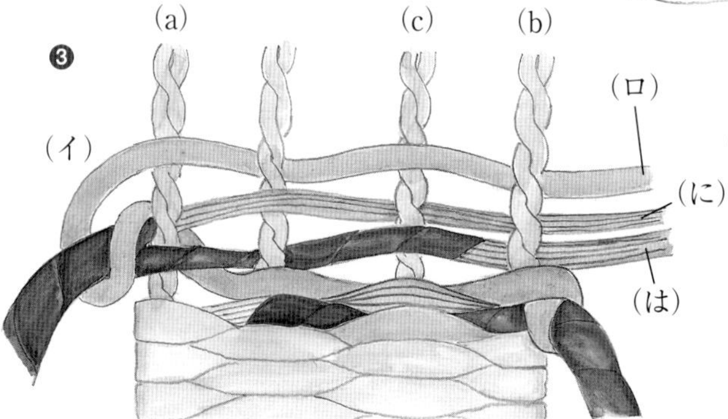

❸　横緒の穂先き側の二つに分けた際で(a)を挟み右まで編みますが、(に)は(c)(b)と続いて下にします。(イ)で横緒の根元を堅く右巻きし、(a)の上から右まで編みます。

❹

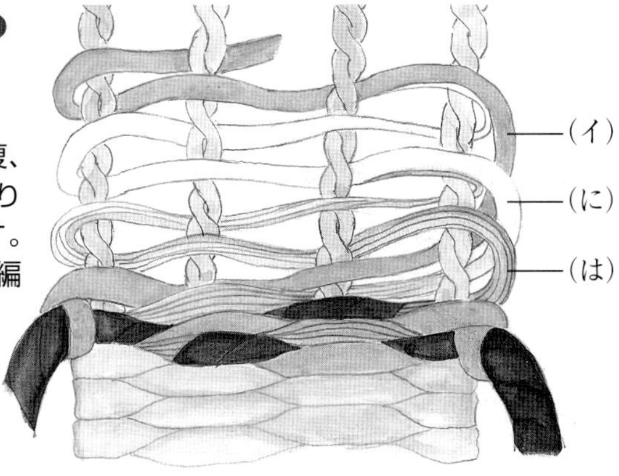

❹　一番下にある(は)で往復、編みます。次に(は)の残りと(に) で往復、編みます。次に(に)の残りと(イ)で編みます。

◆踵を編む

❶　横緒の付け根より7.5cmになるまで編みます。ご自分の草履の場合は、指4本分のところまで編みます。左で編み終わります。

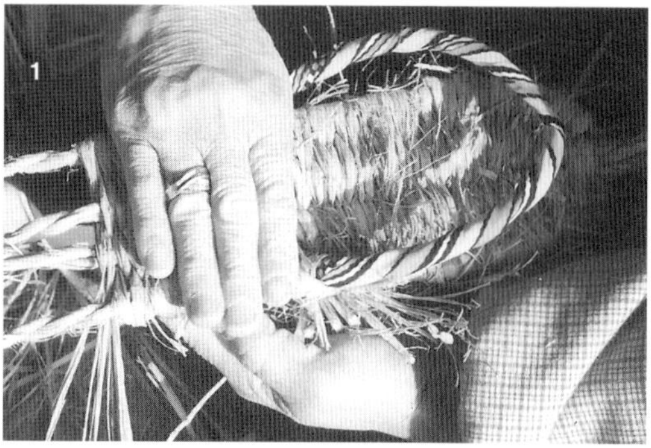

6　形を整える

◆整形

様子を見ながら少しずつ芯縄を引っ張るのがいい形の草履を作るコツです。

❶　左足の親指に掛けていた芯縄を外してつま先に出ている(c)を少し引っ張ります。完全に引ききってしまわず、親指分の輪を残しておきます。

❷　右足の親指に掛けていた芯縄を外して、左足の親指に掛けていた芯縄を親指にかけて(d)を少し引っ張ります。完全に引ききってしまわず、親指分の輪を残しておきます。

❸　❶と❷を交代に少しずつ引っ張るとだんだん本体の形ができてきます。

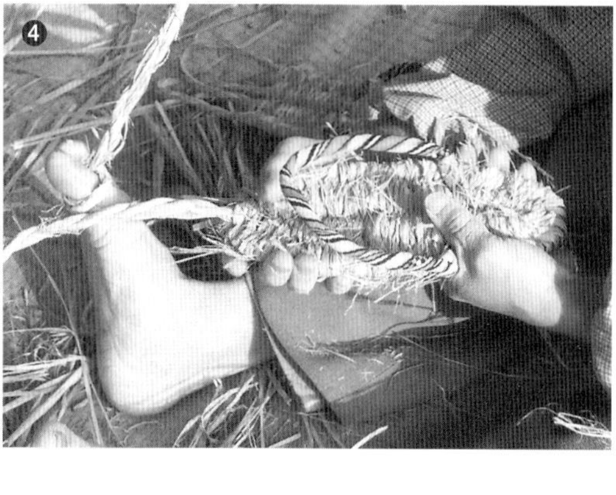

❹　草履を持ち替えて(c) (d)を交互に親指に巻き付け少しずつ芯と草履を引っぱって形を整えます。

芯縄の引き具合で草履の形が変わります。形を整えながら引っ張ります。

◆たわしで擦る

❶

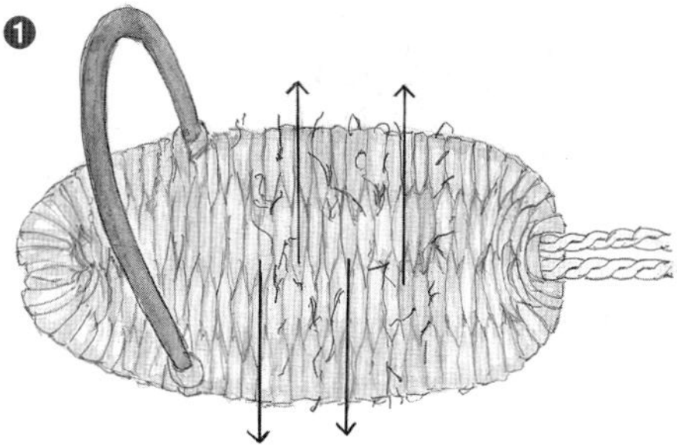

藁のたわし

❶　余っている藁を数本束ねて4つに折り「たわし」を作ります。

「たわし」で編み目にそって擦ると細かいケバがとれて艶が出ます。擦ってとれないケバは手でちぎります。

❷

❷　草履の裏の藁を足したときにできた穂軸の出っ張りは、3cm残してハサミで切ります。

> ♪♪　さあ、もう一息です。鼻緒を付けて終わりですが、もう片方を後日に作ると加減を忘れて同じ形にできにくくなります。できるだけ間を置かずに作りましょう。

7　鼻緒付け

◆竹ばりを作る

鼻緒を付けるときに使います。竹材が入手できれば、ぜひ作ってください。竹ばりを作れない場合は、かぎ針で代用します。

❶

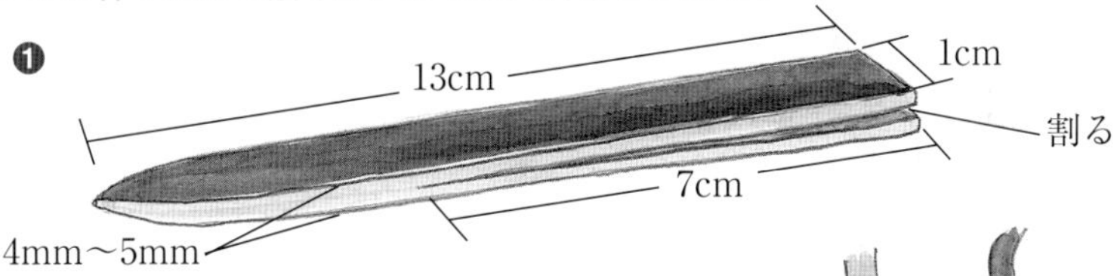

❶　厚さは、4mmから5mmです。先は藁に通りやすくするために細くします。中心で割ったところに藁を挟みます。

◆横緒に鼻緒を付ける

❶　つま先から長く出ている芯縄を解きます。4本の撚のかかった藁の束ができます。

❶

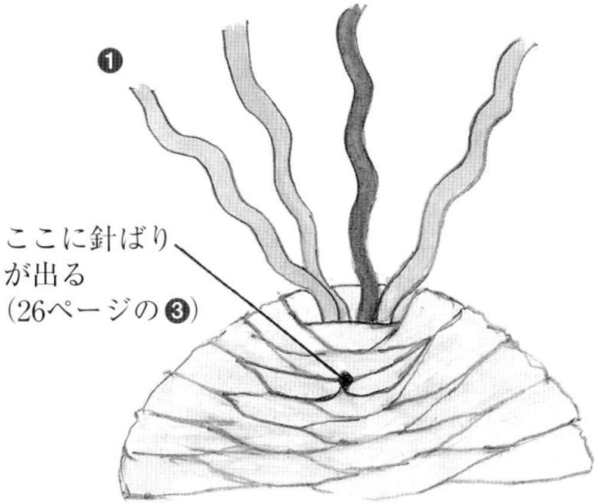

❶

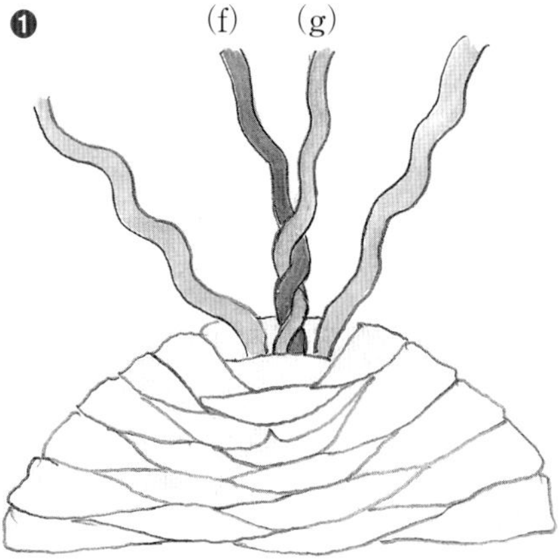

❶　4本の藁の束の手前中心側にある2本の束(f)と(g)で鼻緒の足を作ります。
　長さ2.5cm分の左縄を綯います。

❷

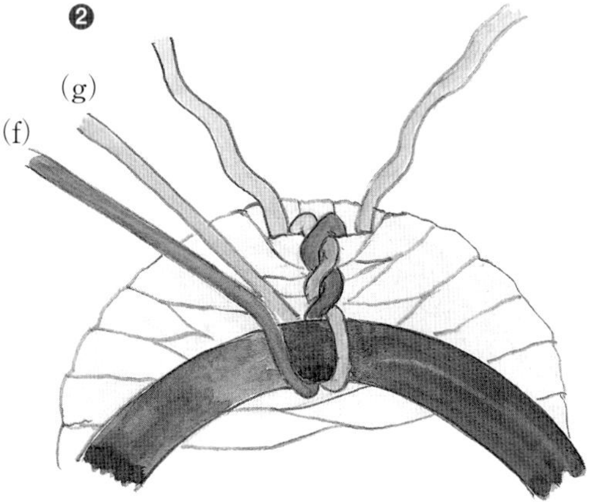

❷　(f)で横緒の下から上に回して左へ持っていきます。
　撚りが戻らないように指で押さえています。
　(g)で横緒の上から下に回して左に出ます。

❸

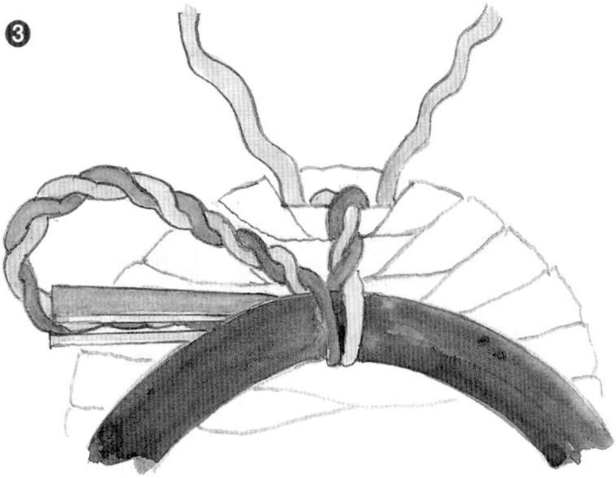

❸　(f)と(g)を引っぱり気味に強く撚りを掛けて左縄にして竹針に挟みます。
　21ページの❺で左右に分けたところに竹ばりを差し込んで、足の長さを残して裏へ出します。
(25ページ7の❶)

❹

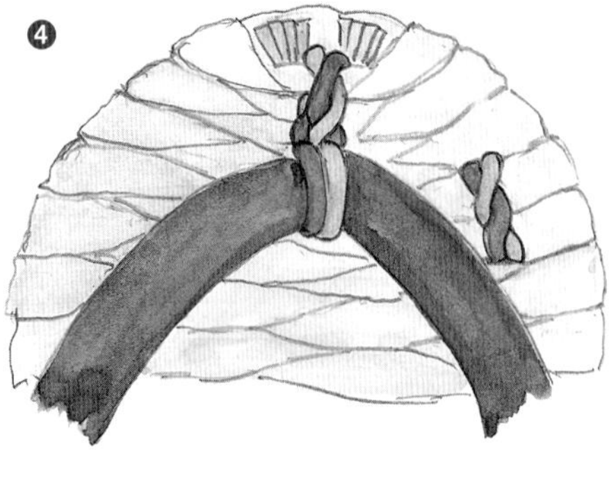

❹　裏に出した(g)と(f)の縄を斜め下2cmのところから表へ出します 。
　その縄を2cm下の所から裏に出して1.5cm残して切ります。つま先に出ている残りの2本は、8cmほど残して切ります。

8　素朴な味わいの 藁草履のできあがり

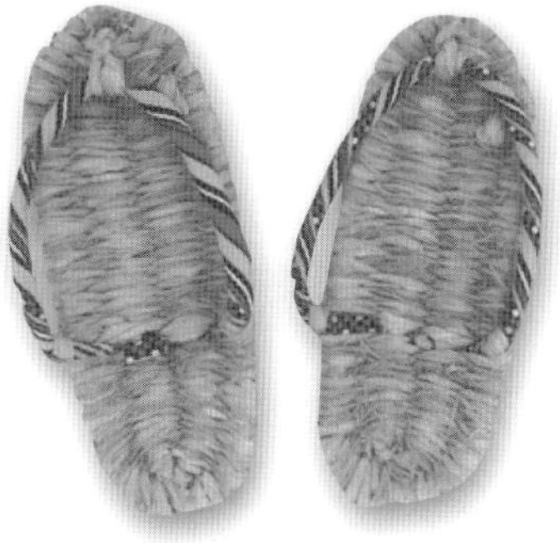

素足がいいね

姉妹で藁の草履作りに挑戦です。

　ちょっぴりくすぐったい感触と素朴な味わいの履き心地に2人ともご満悦です。

草履の編台

　ここでは足の親指に掛けて作りましたが、草履の編台を使って作ることもできます。このような形式の編台が日本各地で使われていました。

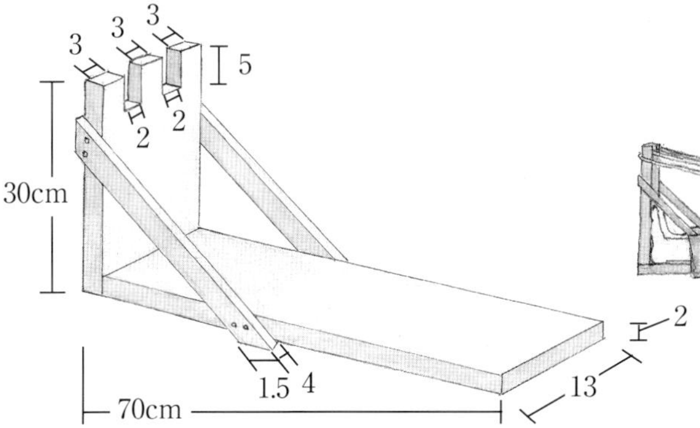

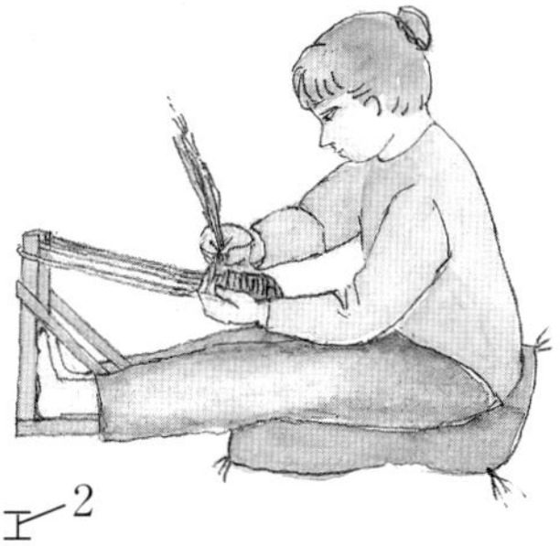

第5章　ミニ草履のストラップ

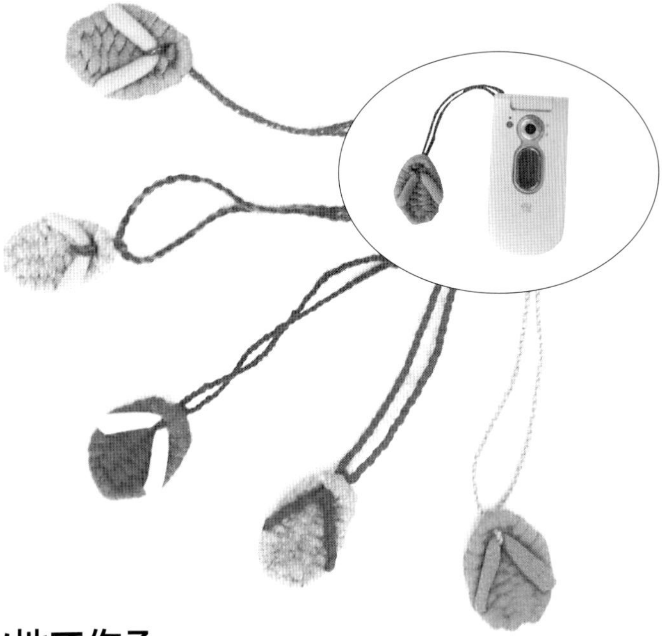

Tシャツ地で作る

Tシャツを切って引っ張ると切った縁がクルッと巻き込みます。この巻込みを利用すると糸屑が出ないきれいな仕上がりの草履ができます。Tシャツから何足もミニ草履ができますから、たくさん作ってプレゼントしましょう。とくに年配の方には、懐かしく喜ばれます。

横方向に切る

材料

（1）45cm×3.5 cm（草履の本体の編布）
（2）9cm×2cm（横緒（1)と色を代える）
（3）細い紐80cm（ストラップ紐）

材料の（1）と（2）を引っ張ります。

引っ張ると縁が巻き込みます。

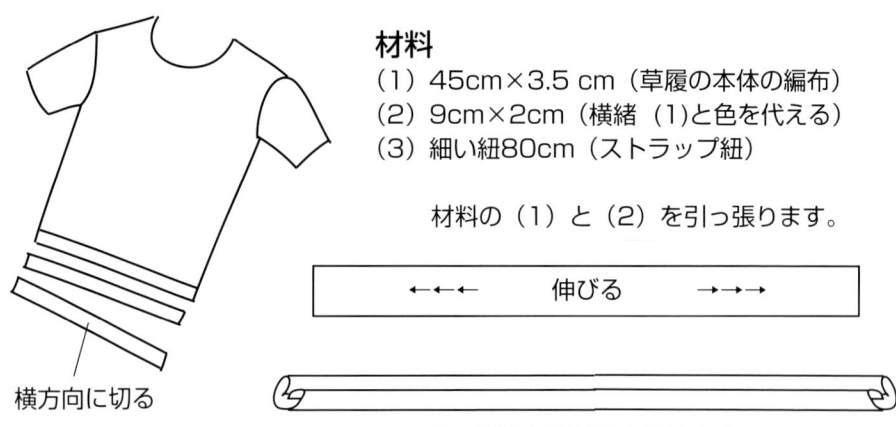

ミニ草履用の編台を作る

まず編台を作ります。編台があると形がきれいにできますし、能率も上がります。面倒のようですが、ひと手間かけましょう。

材料　板（1）1.5cm×11cm×12cm
（2）1.5cm×1.5cm×12cm
（3）1.5cm×1.5cm×4cm
釘　4.5cmを6本、3.5cmを3本

（1）の板に（2）（3）の板を木工ボンドで接着して一晩乾かします。

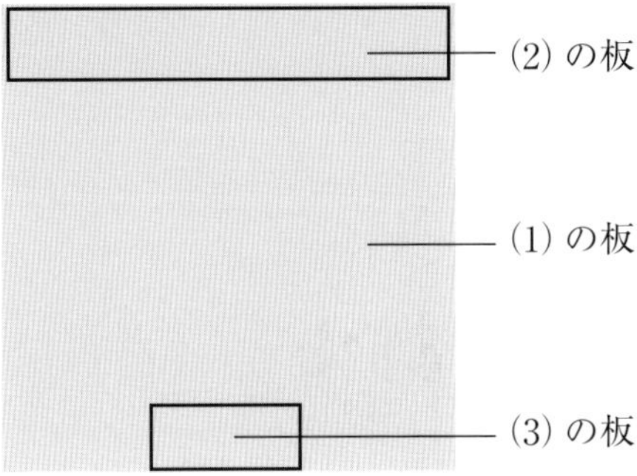

釘を図の位置に打ちつけます。

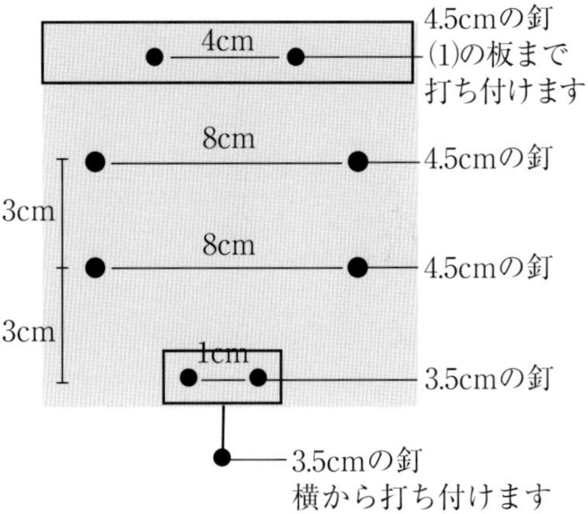

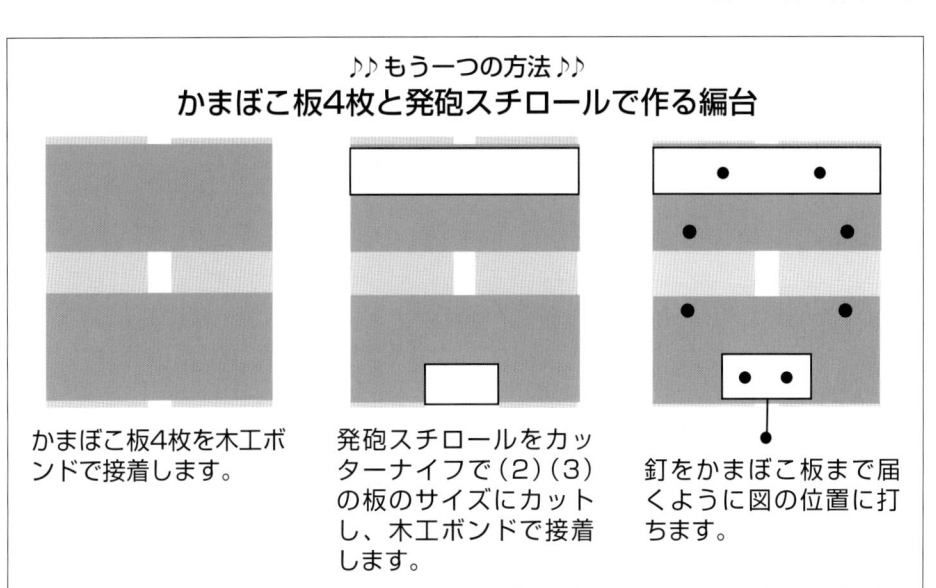

♪♪もう一つの方法♪♪

かまぼこ板4枚と発砲スチロールで作る編台

かまぼこ板4枚を木工ボンドで接着します。

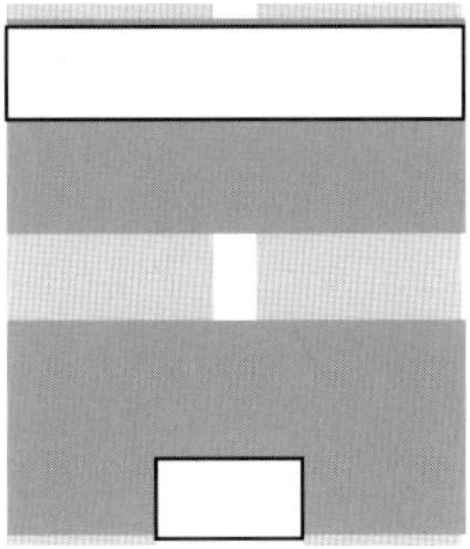

発砲スチロールをカッターナイフで（2）（3）の板のサイズにカットし、木工ボンドで接着します。

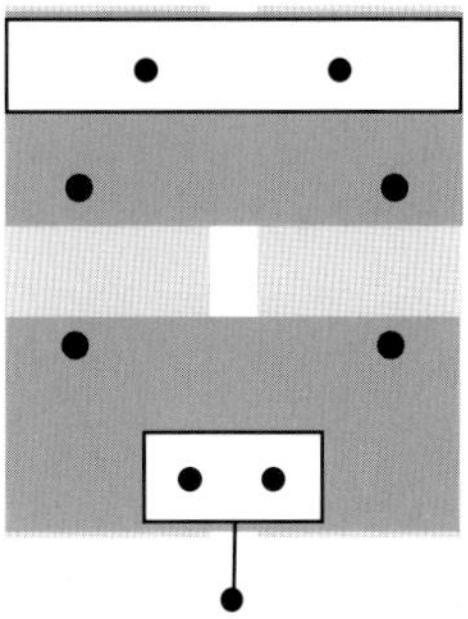

釘をかまぼこ板まで届くように図の位置に打ちます。

ミニ草履を編む

❶

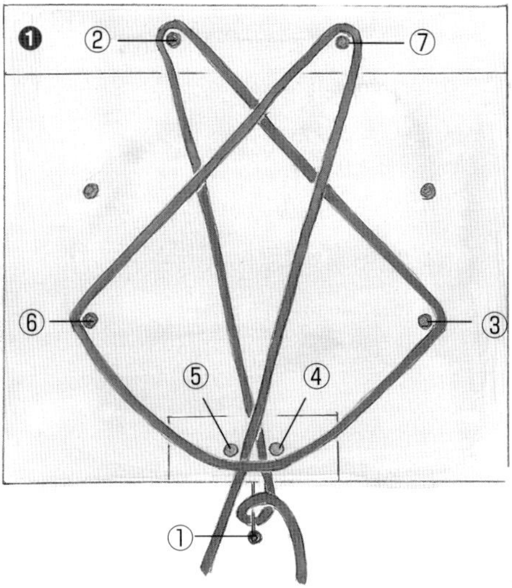

❷

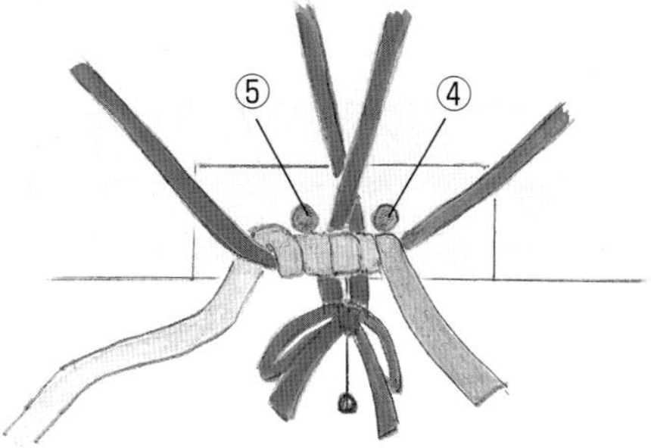

❸

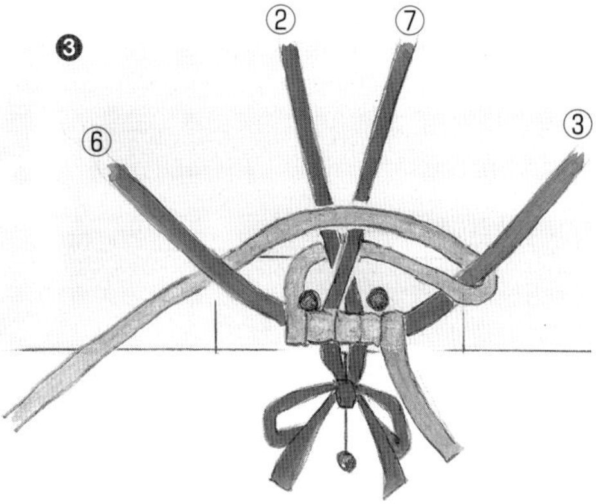

❹

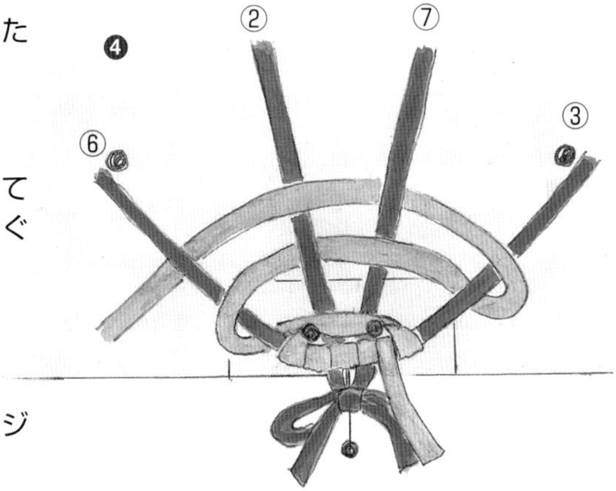

❶　ストラップ紐を編台の釘に掛けます。①の釘にクルッと一巻して②～⑦の釘まで順に掛け、⑤④の下をくぐって①の釘に戻ります。ストラップ紐をピンと張るようにして①の釘に結びます。

❷　⑤④の釘からストラップ紐をいったん外し、編布を 4 回堅く巻きます。
④⑤の釘に戻します。

❸　②⑦のストラップ紐の下をくぐって③の上から右に出ます。③の下をくぐって②⑦の上、
⑥の下から左に出ます。

❹　ここから草履編みをします。
上下上下に編み進みます。13ページの草履編みをご覧ください。

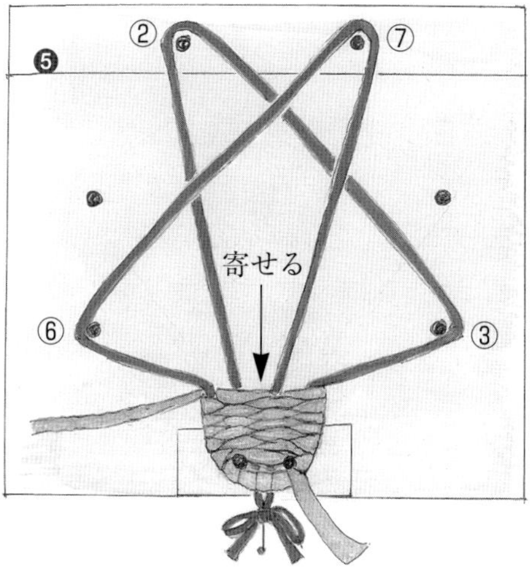

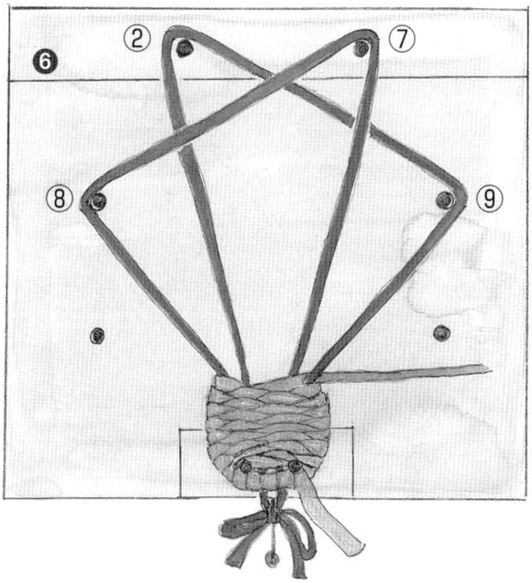

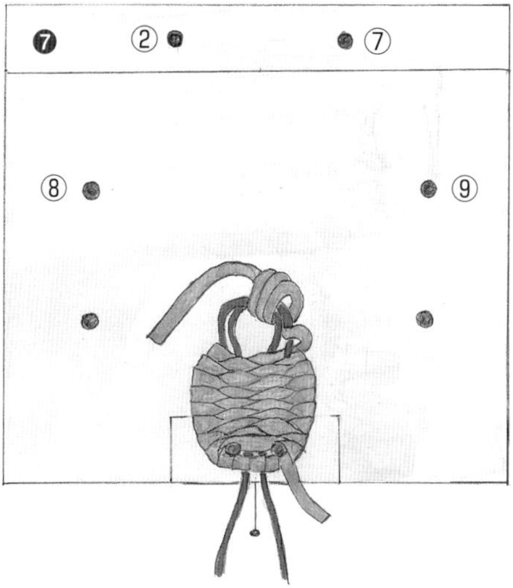

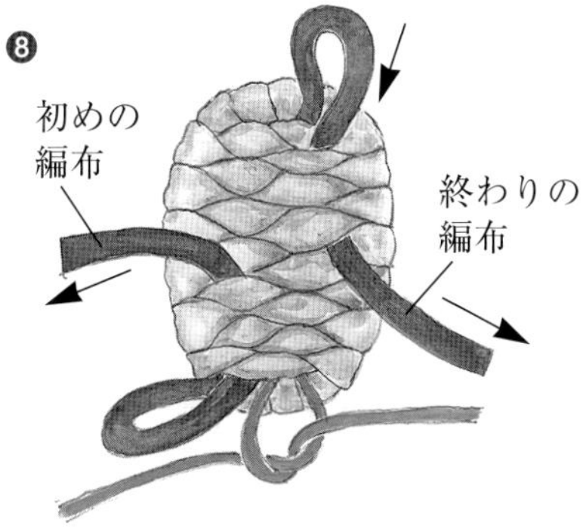

❺　指を②と⑦の間に入れて人さし指で手前に寄せながら、草履編を5～6往復します。

❻　⑥③の釘に掛かっているストラップ紐を外し、⑧⑨の釘に掛け代えます。ストラップ紐が緩むので、①の釘で結び直し引き締めます。一往復半草履編をして右に来ます。

❼　⑧②⑦⑨の釘からストラップの紐を外します。①の釘のストラップ紐を解いて、指一本入る分を残して引っ張ります。⑦の山に一回巻き、⑦と②との山を重ねて3回巻きます。編台から外します。

❽　ストラップの紐を引っ張って形を整え、ひと結びします。始めと終わりの編布を始末します。裏に返してかぎ針で3段、通します。1cmほど残して切ります。

横緒を付ける

❾

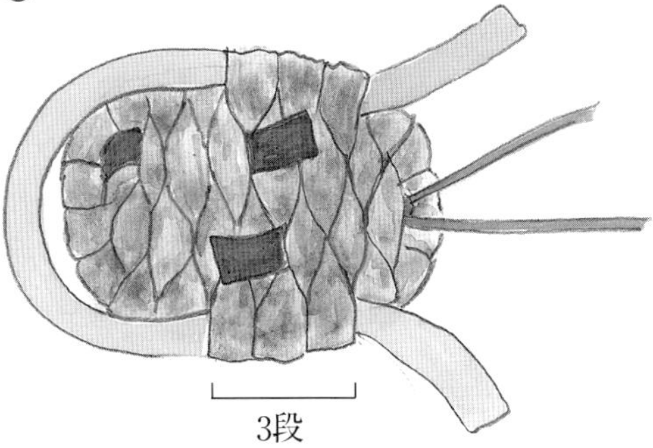

❾　裏側で横緒を左右3段ずつ通します。

❿

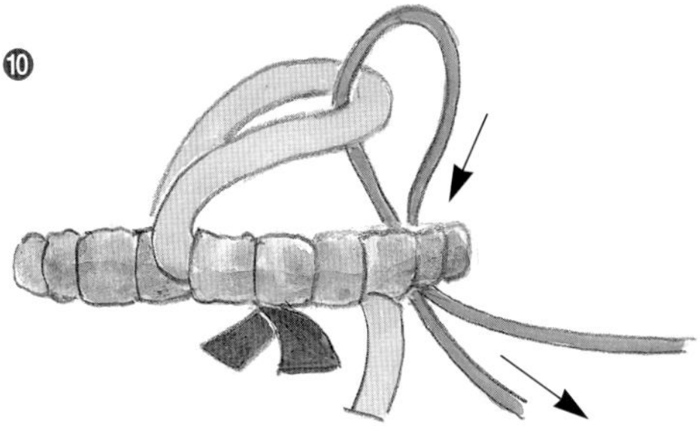

❿　ストラップ紐を1本、表に出します。横緒を掛けて裏に戻し、根元でこま結びします。

⓫　ストラップ紐を好みの長さにし根元で結び端は中に通して始末します。裏側に出ている編布と横緒の根元にボンドを付けて切ります。

⓫

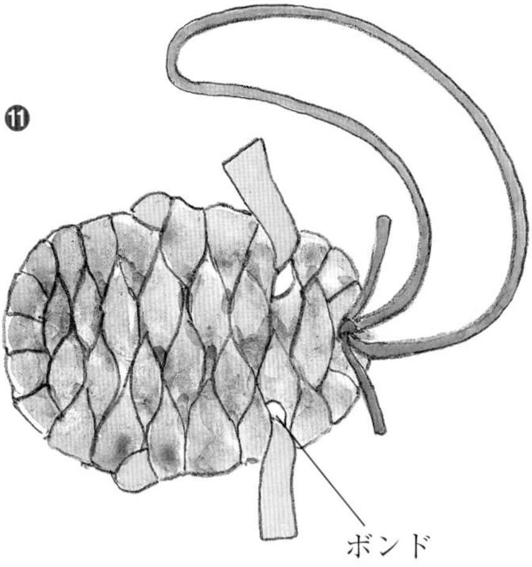

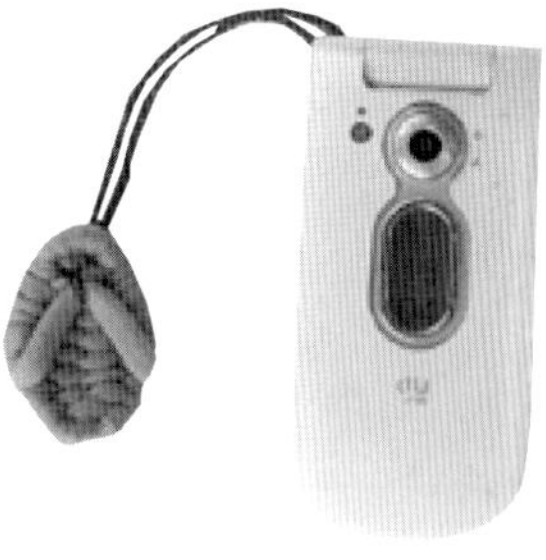

できあがりです。

第6章　布の横緒3種

足の長さが23cmの場合は、横緒の長さが25cm必要です。ここでは、3種とも25cmの長さに作っています。横緒の付け方は41ページをご覧ください。

1　三つ編みの横緒

横緒を三つ編みで作ります。本体と配色のいい色を探しましょう。履いている間に伸びてこないように②と③は、伸びない布を使いました。

◆布の寸法

① 8cm×114cm以上
(ここでは、本体と同じ布にしています。短いときは、縫ってつなぎます)
② 8cm×46cm
③ 8cm×54cm以上

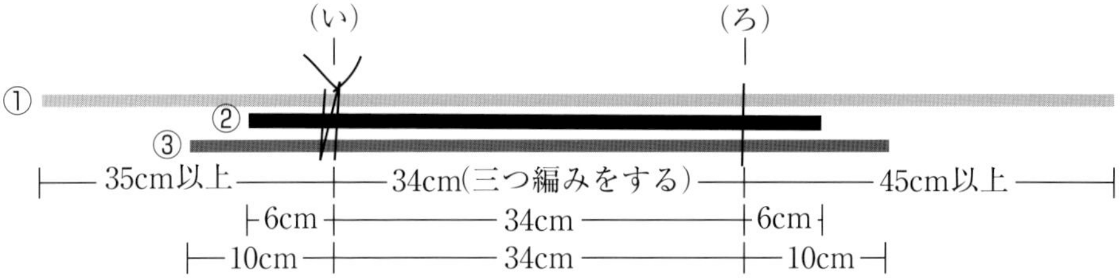

◆三つ編みをする

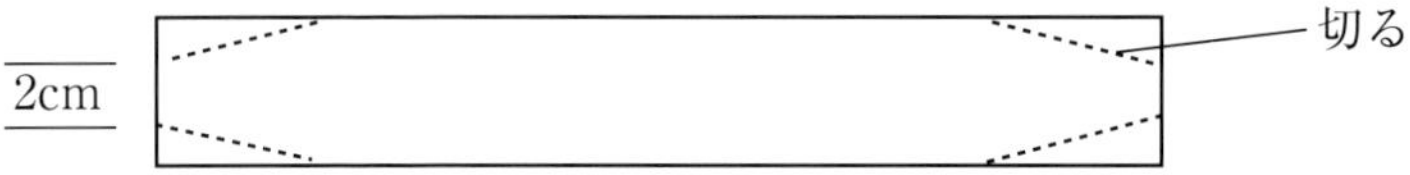

❶ ②の先端の6cmを細く切ります。③の先端10cmも同様に細くします。

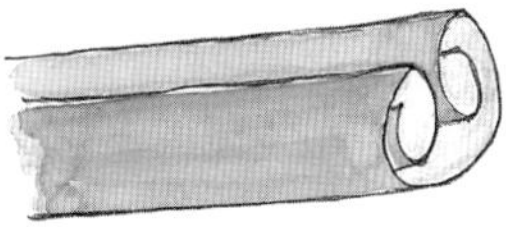

❷ 横緒の両端は糸屑の出ないようにたたんで切り口を内側にいれた状態で三つ編みをします。堅くしっかり編みます。

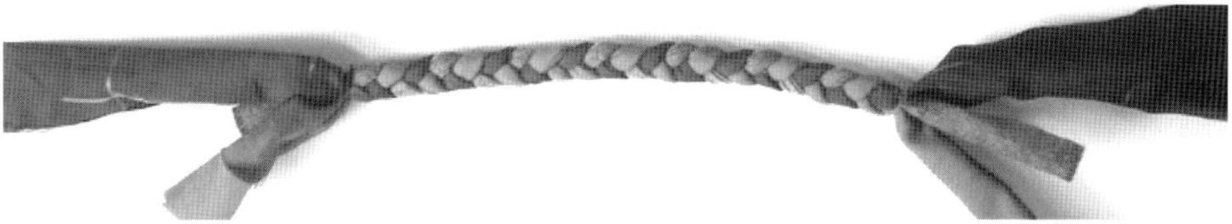

❷ (い) の位置で、同色の紐で堅く結びます。②の先端は、①に包むようにして結びます。23cmの長さまで三つ編みをします。最後も②の先端を①に包み、三つ編みが解けないように堅く結びます。三つ編みは履いている間に伸びますから、必要な長さから2cm短く作ります。

2　縄の横緒

縄に綯う布の、色あいが異なるか、濃淡があると縄の模様が浮き立って効果的です。ここでは、ジーンズの布を使いました。ゴワッとした堅さが縄と良く合います。縄の横緒は、履いている間に伸びますから、必要な長さから1割ほど短く作ります。

◆布の寸法　7cm巾×93cm以上＝2本

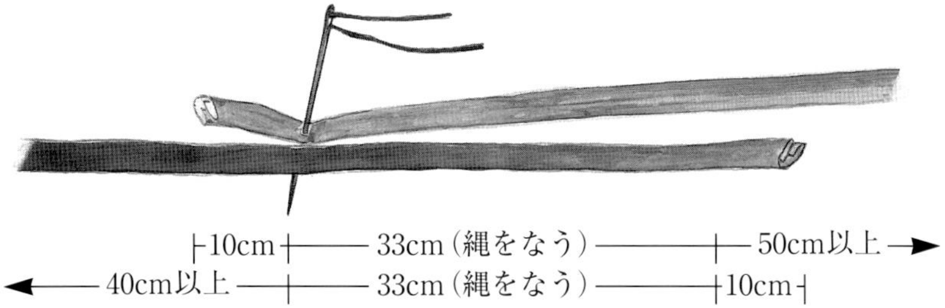

❶　布の端からそれぞれ10cmと50cm入ったところで、ずれないように重ねて2〜3針縫い、2〜3回いて堅く結びます。23cmの左縄を綯って、最後も撚りが戻らないように縫い合せてから2〜3回巻いて堅く結びます。

❷　縄の両端に出ている布は、草履本体を編むのに使いますから、本体の編布と同じ幅にカットします。

◆左縄の綯い方

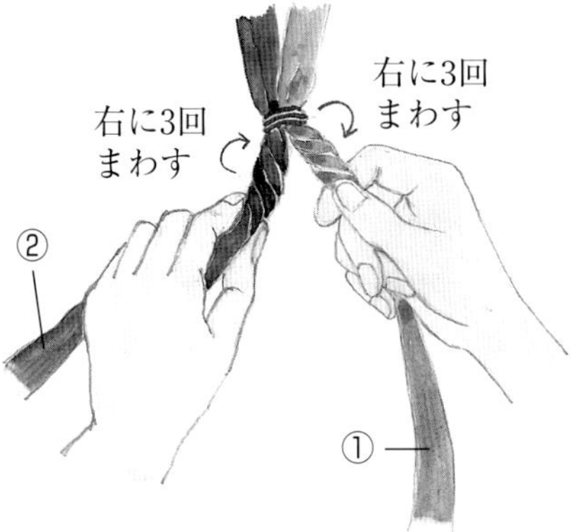

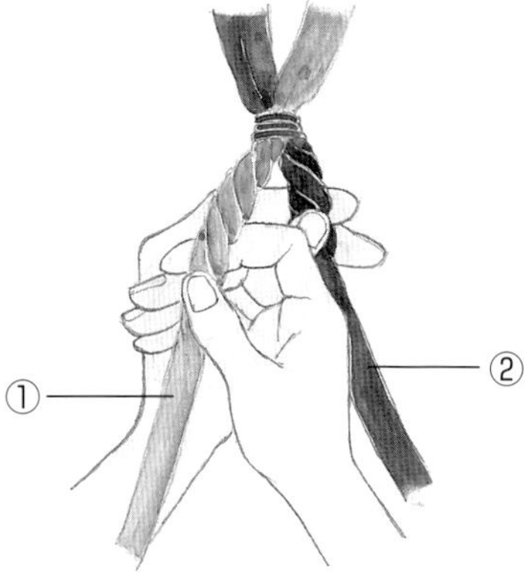

❶　①は右手に②は左手に持ちます。

❷　①と②を各々3回右にまわして右撚りをかけます。

❸　右手を左手の上から左に移して①と②を持ち替えます。

❹　❷と❸をくり返します。

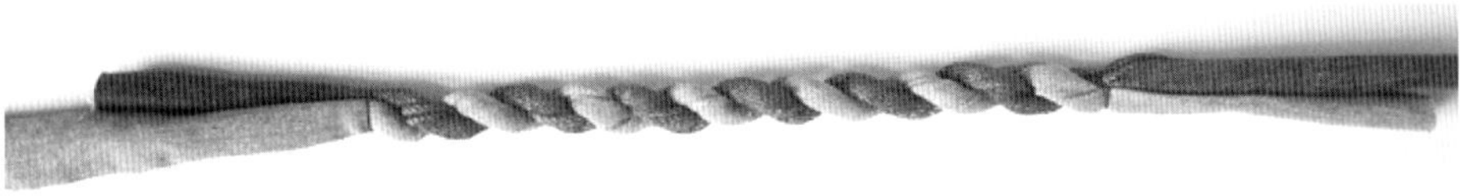

3　袋縫いの横緒

袋に縫った横緒はきりりと引き締まったすっきりした草履になります。
4.5cmの幅は、好みで細くしたり、太くしたりして変化を楽しんでください。

◆布の寸法

①　4.5～6cm×45cm（横緒の表皮になります）

②　3.5cm×72cm以上

③　3.5cm×62cm以上
（②と③の2本は草履の本体と同じ編布がいいでしょう。72cmあれば理想的です。できるだけ長い編布を用意しましょう。105cmの長さが一本とれる場合は、②と③の2本は必要ありません）

④　芯紐を35cmほど

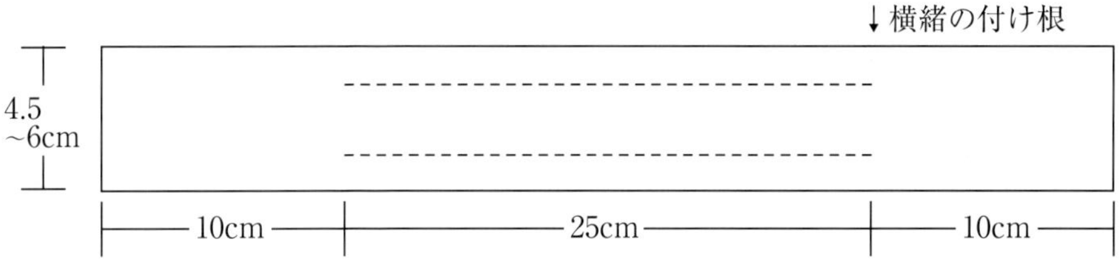

◆ミシンがけをする

❶　①の横緒の表皮地を1cmを縫代に- - - -の部分を中表に縫い、表に返します。

❷　表皮に②③④を通します。表皮の幅を太くした場合は、②③④のいずれかの幅を増やして表皮がぴっちり張るようにします。
②の編布の端を、横緒の付け根から2cmと45cm以上出るように通します。
③の編布の端を、横緒の付け根から2cmと35cm以上出るように通します。横緒の付け根から出す45cmと35cmの編布は、本体の草履編みと横緒を定着させるのに必要な長さです。

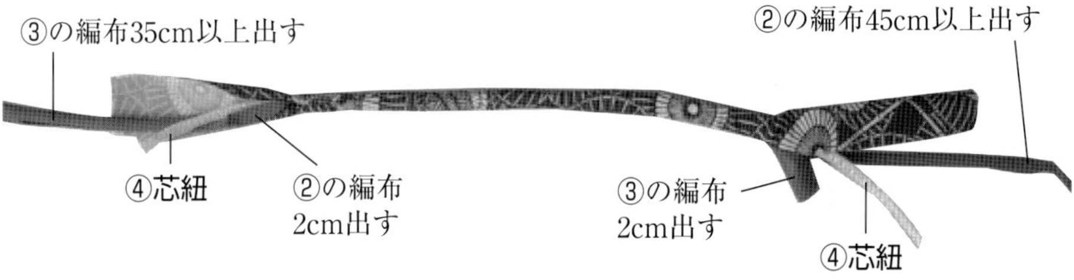

第7章　布の草履

1　編台を作る

布は藁と比べて柔らかいので、藁のように足に掛けて作る方法では、草履の幅が細くできてしまいます。台を作るのに手間はかかりますが、①〜③の様な利点があります。両端に付いた6本のフックなどが、草履の幅を調節します。

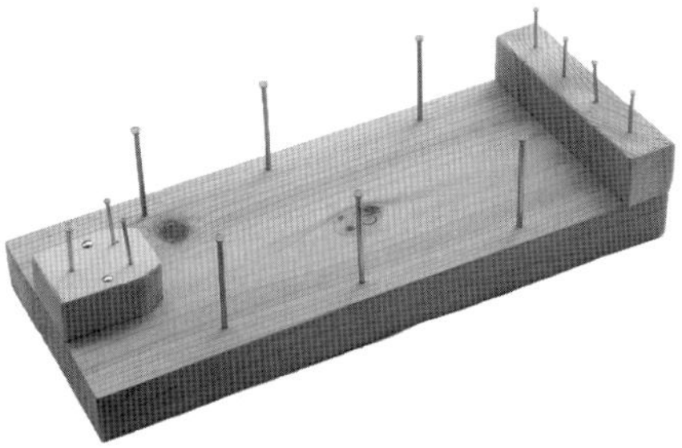

①　芯紐が固定されるため制作が容易で能率がよく、制作時間が短縮される。

②　つま先の丸みや草履の幅が自然にでき、均整のとれた美しい形に仕上がる。

③　テーブルに置いて腰かけてできるので、腰痛の予防になる。

(草履の編台は実用新案登録第3084105号を取得し、杉澤式編台として販売しています。問合せは、〒470-0154東郷町和合ケ丘1-3-9ギャラリー悠遊　うさぎとかめプロジェクト)

◆編台の材料

板3枚

(a)の板　3cm×14cm×4cm
(b)の板　3cm×14cm×35cm
(c)の板　2.5cm×5cm×6cm

釘

頭の小さい釘　(d) 4cm×7本
　　　　　　　(e) 7.5cm×6本
組立て用の釘　(f) 5cm×2本
　　　　　　　(g) 6cm×2本

◆編台断面図

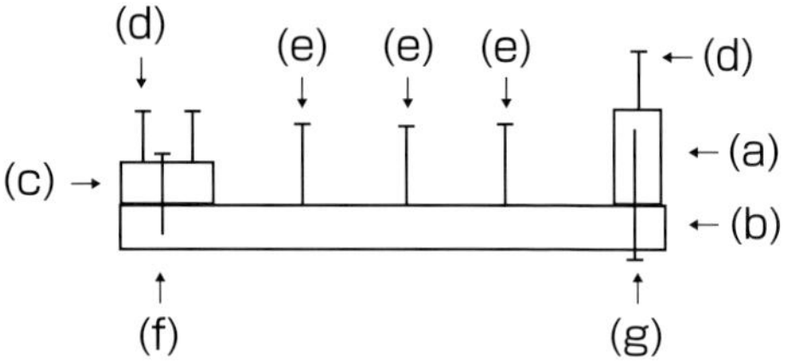

◆釘の位置

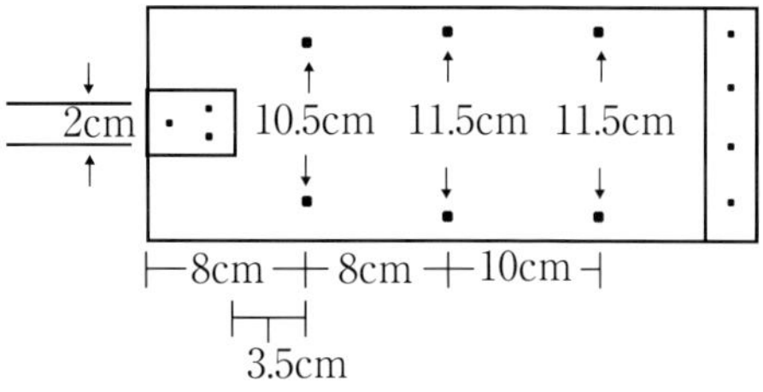

2　準備するもの

◆23cmサイズの草履一足分

婦人用長袖Tシャツ　編布180g
横緒40g（33ページをご覧ください）

ポリプロピレンの荷造り紐

◆芯にする紐

長さ330cm　直径8～10mm2本

右のようなポリプロピレンの荷造り紐が適当な摩擦と腰があっておすすめです。16ページの藁で作る芯縄も使えます。（布の場合は堅く撚って10mm前後の直径で使います）

◆かぎ針

7～8号

◆布を分割する

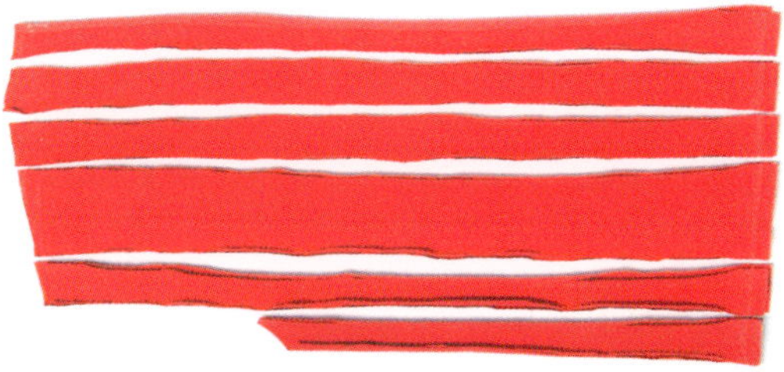

❶　婦人用Tシャツの中心から左右に分け、それぞれ右足分と左足分に分けておきます。

8cm幅を2本（横緒に使用）、その他は4cmの幅に切って編布にします。

♪♪　ジャージを使用したのでハサミを使用していますが、木綿のゆかたのように裂けやすい布の場合は、手で裂いてもいいでしょう。

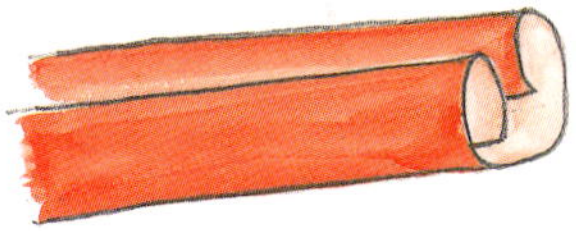

❷　編布がジャージですので28ページのように引っ張って縁を巻き込ませます（布の場合両端が内側になるように4つにたたむ）。3本の指に捲き、輪ゴムで止めておきます。

♪♪　編布の幅は、使用する布の厚さに応じて調節します。木綿のシャツやTシャツの厚さなら4cmに、厚地のものは3cm、薄地のものは5cmを目安にします。厚さも幅も大きくすると大きい草履ができます。

3　本体を編む

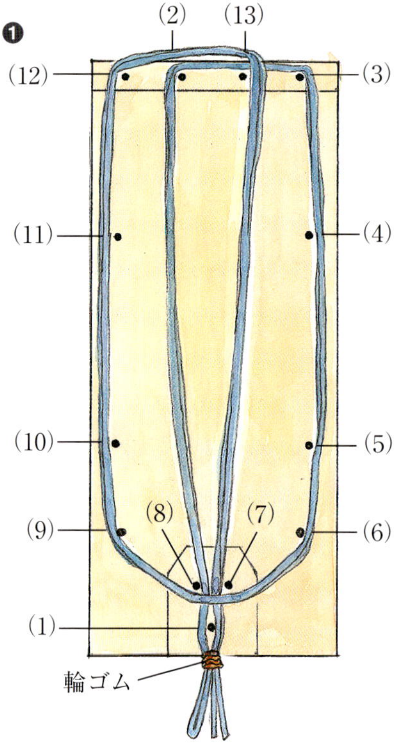

◆芯紐を台にセットする

❶　長さ330cmの芯紐を中心で折って輪にし、2本取りにして（1）の釘に掛けます。番号の順に（13）の釘まで掛けていきます。

（7）と（8）に掛けてある芯紐の下をくぐらせて下に出します。（1）の釘に掛けた輪を外してゆるんでいる芯紐がピンと張るようにしっかりと引っ張って両端を輪ゴムで止めます。

♪♪　幼児の場合は芯紐を1本取りにします。

つま先から編みはじめます
一段一段、しっかりと布を手前に引き締めながら編みましょう
釘の根本に（1）～（13）の番号をふっておくと解説が分かりやすくなります。

◆つま先を編む

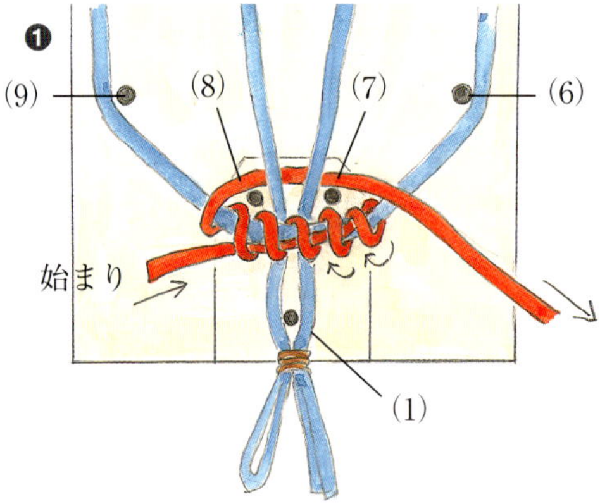

❶　（8）（7）に渡っている芯紐に編布のはじめを添わせて、右から左の方にくるくると巻き付けます。芯紐を（8）（7）の釘からいったん外すと、巻きやすくなります。5回、隙間が空かないように堅く巻き付けます。左から芯紐の中心2本の下をくぐって（6）の釘にかかっている芯紐の上から右に出してきます。

❷

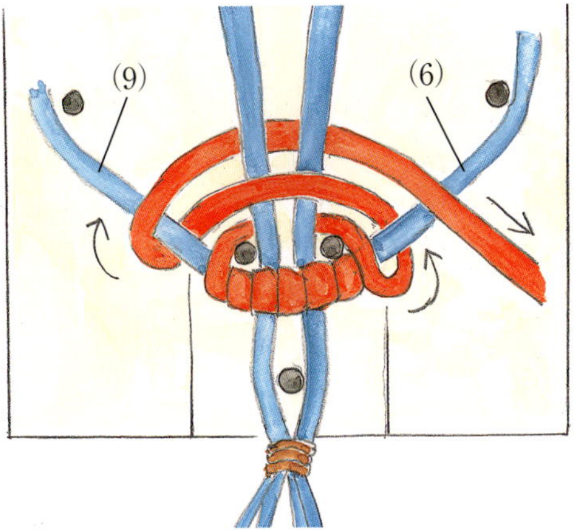

❷　(6)の芯紐の下をくぐって芯紐の中心2本の上に渡して(9)の下をくぐり左に出します。芯紐の中心の2本の下をくぐり(6)の上から右に出します。

❸

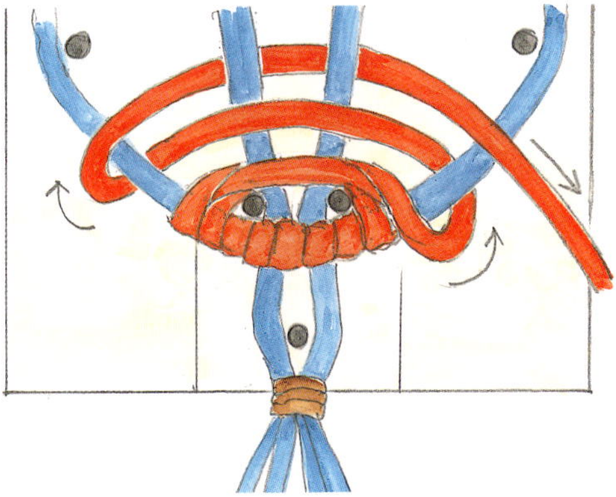

❸　❷と同じ作業をもう一往復、繰り返します。上下上下に編むのが基本にあります。

❹

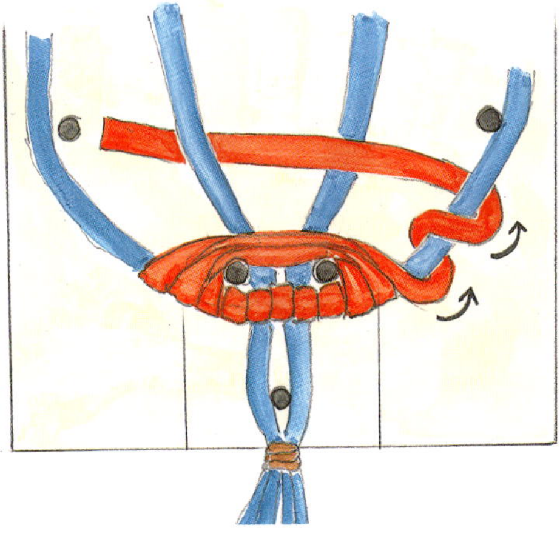

❹ (6) の芯紐に下からぐるりと左巻きし、芯紐の中心2本の間から下に入れて1本目の編布を終わります。

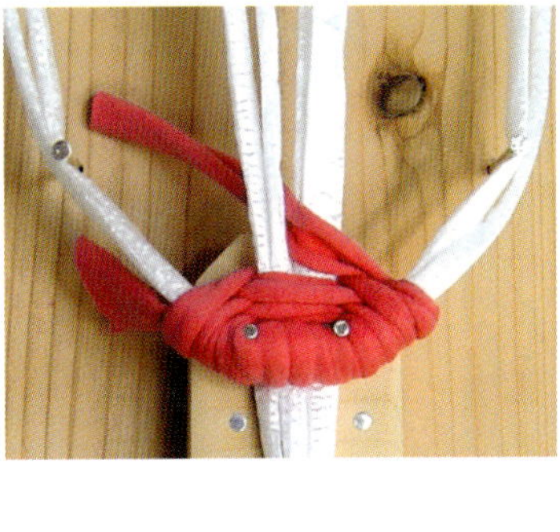

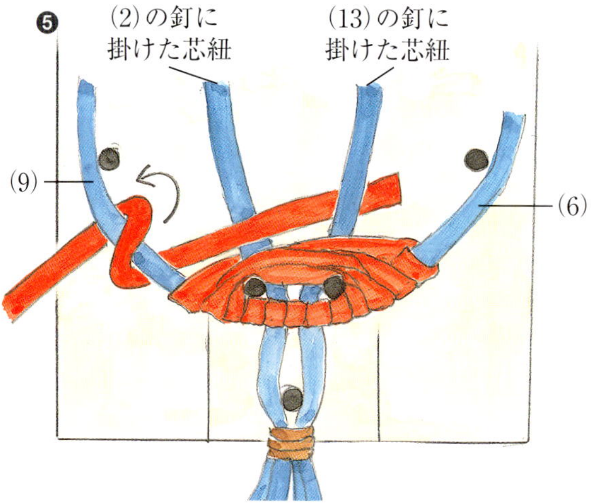

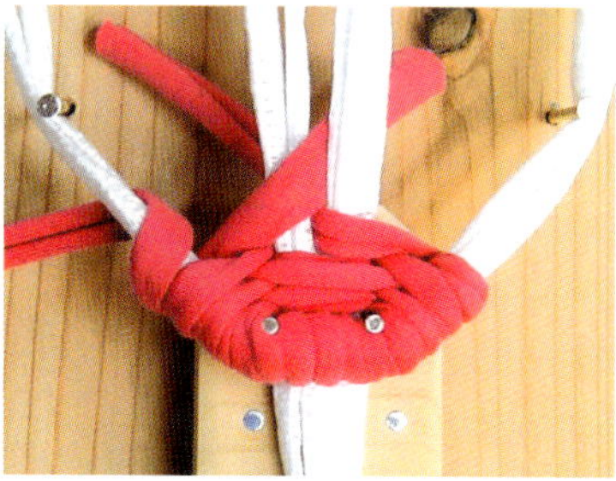

❺　2本目の編布を足します。(2)と(13)の間に編布の端を上から差し込みます。(9)の下をくぐって左に出し、(9)の芯紐に左巻きします。

◆草履編みをする

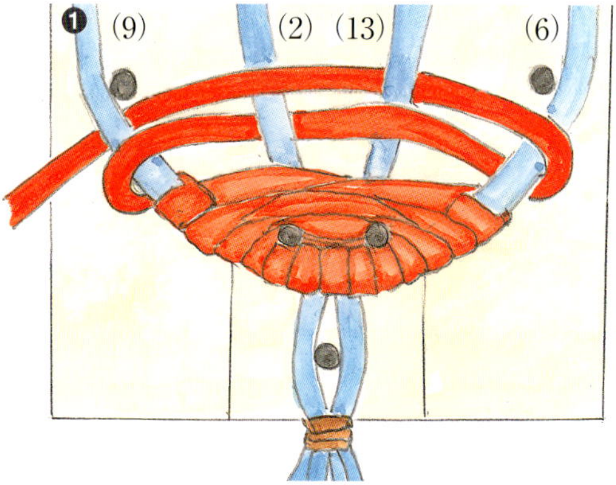

❶　ここから草履編みをします。上下上下に編んでいきます。13ページの草履編みをご覧ください。

3本目の編布を足すときは、(2)と(13)の間に編布の端を上から差し込み、(6)の下をくぐって右に出します。左右に交互に編布を足すことで全体のバランスがとれます。

❷　手前に編布をしっかりと引き寄せながら堅く編みます。(6)(9)の釘の手前でできるだけたくさん編むと、つま先の丸みが綺麗になります。いよいよ編みにくくなったら(6)(9)の釘から芯紐を外します。

芯紐が緩むので結び直して編みます。(10)(5)までが一杯になったら、(10)(5)を外し、15.5cmの長さまで編みます。

4　横緒を付ける

◆横緒を編み込む

(11)(4)のフックに芯紐が掛かっています。芯紐は、しっかり張った状態で横尾を付けましょう。ご自分の草履でしたら、親指と人指し指をいっぱい広げた長さがその人の横緒の付く位置の目安になります。

ここでは三つ編みの横緒を付けます。三つ編みの横緒の作り方は、33ページをご覧ください。

❶
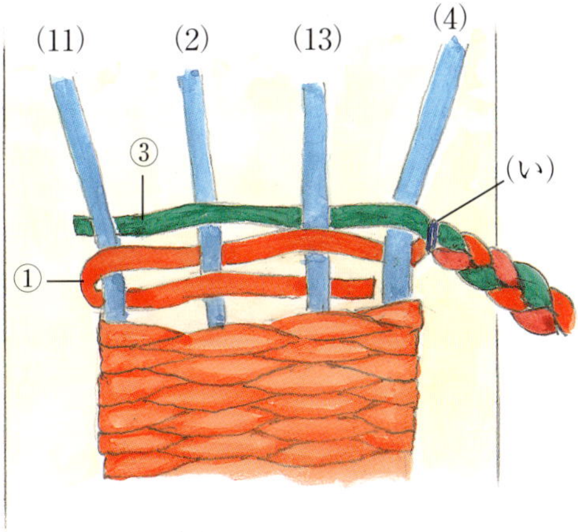

❶　三つ編みの両端に長く出ている編布を4cmの巾に切ります。短い方で草履編みをして、三つ編みの結び目(い)が右の芯紐の際に来るようにします。

③で(4)の上、(13)の下、(2)の上、(2)と(11)の間から下に入れます。(4)を①と③で挟むようにします。

❷
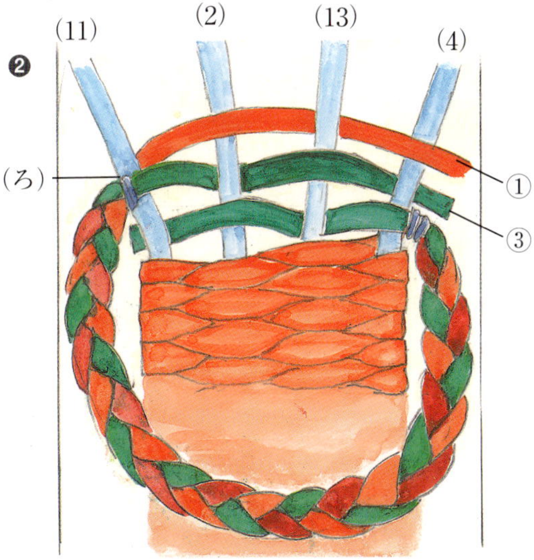

❷　横緒のもう一方の端の結び目を左に持って来ます。

③の端で(11)の上から草履編みをし、(13)と(4)の間から下に入れます。①で(11)を挟んで草履編みをして右に行きます。

❸

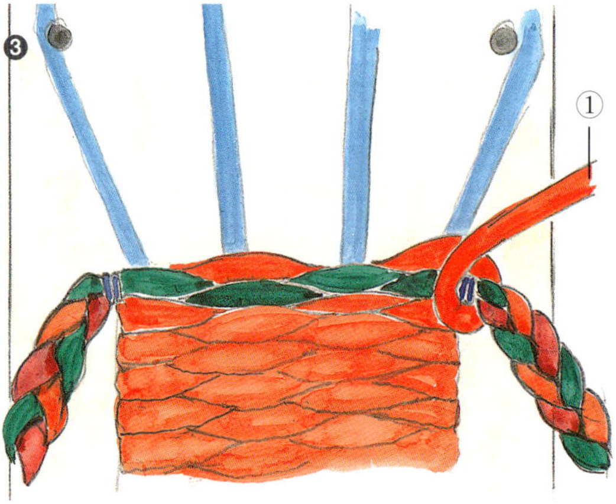

❸ ①で三つ編みの結び目（い)の上に右巻きします。堅く巻き付けます。
(緑の布は細く切ってありますから出来上りは隠れます。)

❹

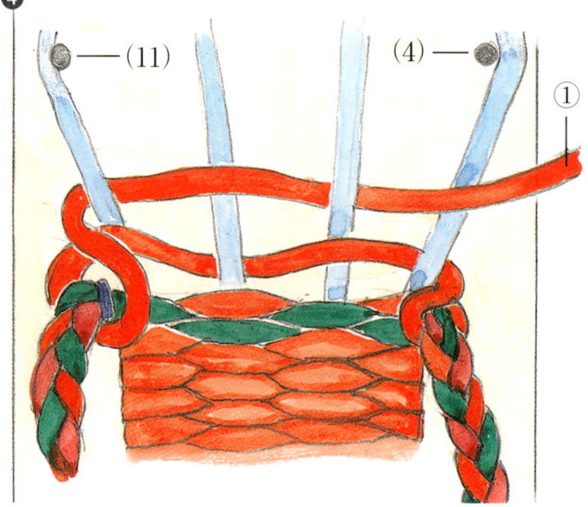

❹ 草履編みで左にきて、三つ編みの結び目（ろ)の上に左巻きを堅くします。
続けて草履編みをしますが、横緒を着けてから草鞋編みの上下上下が、逆になっていますが、新しく編布を足すと、上下が元に戻ります。4～5段編むと芯紐が狭くなりますから(11)(4)を外し、芯紐を張り直します。

❺

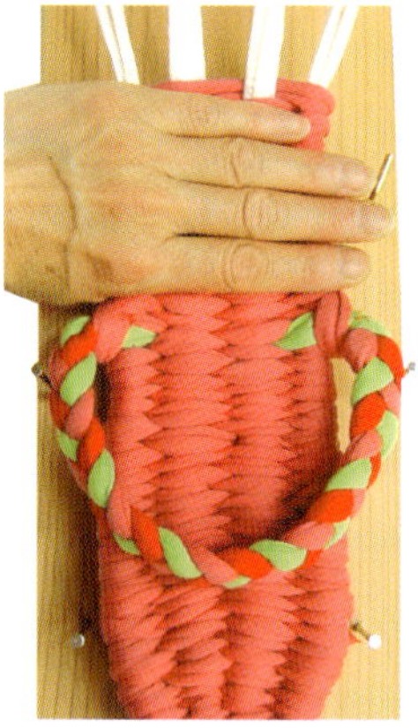

❺ 横緒の付け根より7ｃｍまで草履編みをして右で終わります。ご自分の草履を編んでいる方は、指４本分が目安になります。

最後に草履編みを2往復しますが、横に引きぎみに編んで幅を狭めます。(12)(2)(13)(3)の芯紐を釘から外します。(1)の釘の輪ゴムを外します。

5　形を整える

◆踵の丸みを作る

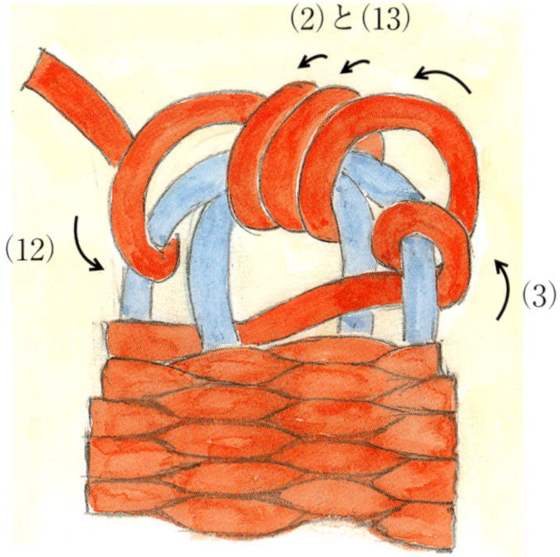

❶　(1)の釘に止めていた芯紐を1本ずつ交代に少しずつ引いていきます。(12)(2)(13)(3)の芯紐の輪の山に親指が入るほどの大きさになるまで引きます。

(3) の芯紐の山に1回、(2) と (13) の芯紐の山に3回、(12) の芯紐の山に一回編布を巻きます。

◆整形

❶　(8)(7)の釘から芯紐を外して、草履本体を編台から外します。芯紐の輪の山を交代に少しずつ引いて芯紐が見えなくなるまで引きます。さらに23cmの長さまで引っぱりますが、草履の形を整えながら少しずつ芯紐を引っぱります。一気に芯紐を引っぱってしまわないのが良い形の草履を作るコツです。

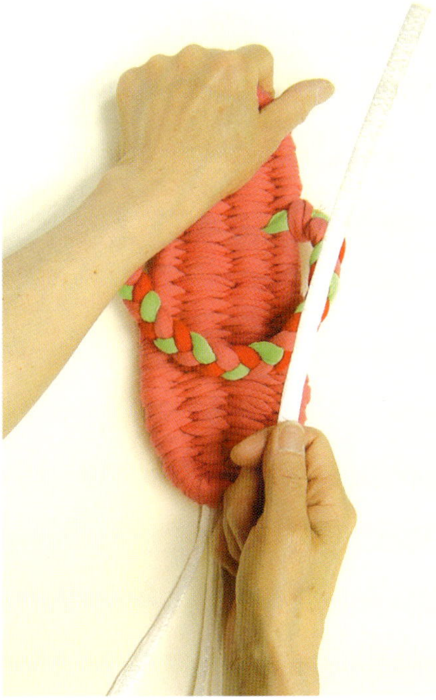

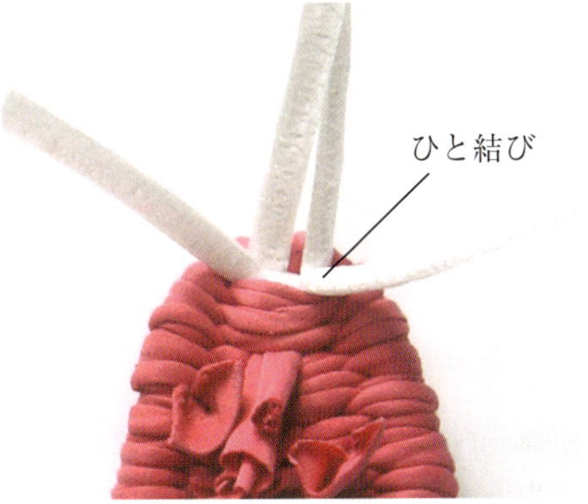

❷　本体を裏に返して芯紐の輪を切って4本にし(2)と(13)の釘に掛かっていた芯紐の片方1本ずつで、ひと結びをします。8cm残して切ります。

6　鼻緒を付ける

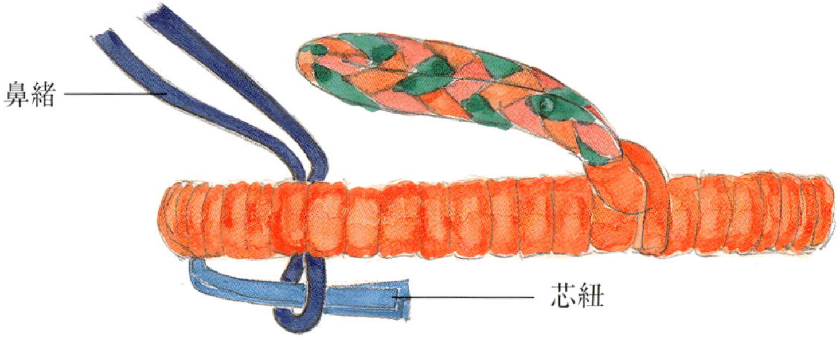

❶　幅4cm長さ45cmの布を鼻緒にします。鼻緒の中心を8cmで切った芯紐に掛けてかぎ針で、表側のつま先から4.5cm入った位置に引き出します。

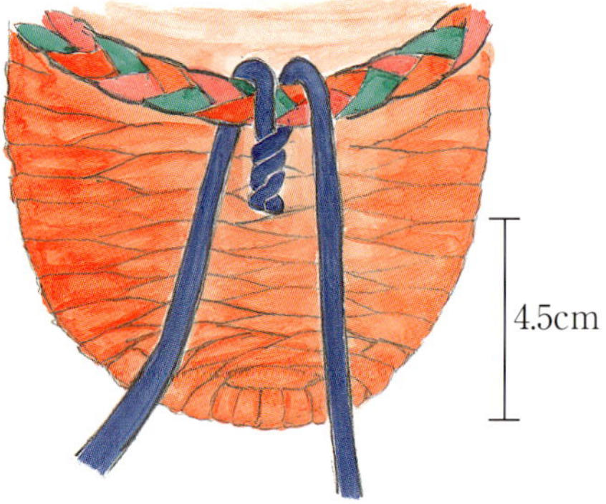

❷　鼻緒の足の長さが2cmになるように左縄を綯います（34ページをご覧ください）。縄の一方を、横緒の下から上に回して前に出します。縄のもう一方を、横緒の上から下にくぐって左から前に出します。

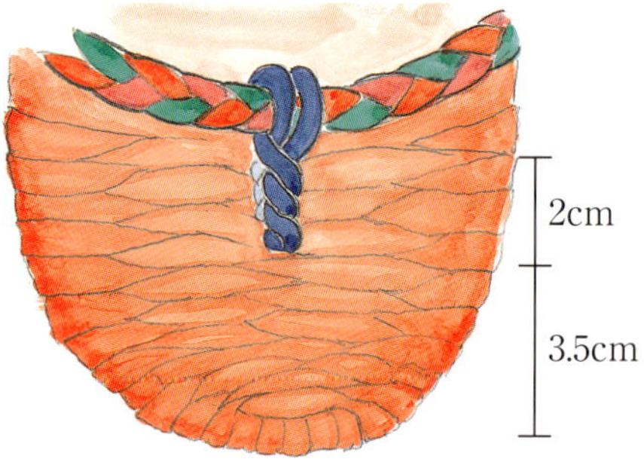

❸　右撚りの縄を2cm綯います。つま先から3.5cmの位置で裏に戻します。

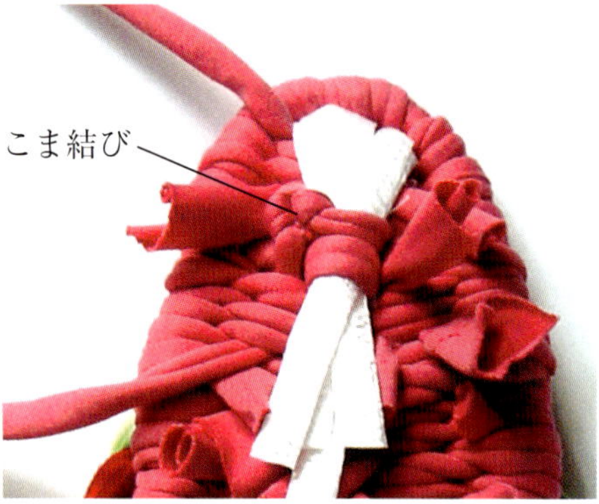

❹　8cmで切った芯紐に渡して、芯紐の横でこま結びします。結んだ先は草履本体の中に差し込んでおきましょう。

編布の足したときに裏側に出ている編布の先を3cm残して切ります。この3cmは草履台を保護してくれます。草履の完成です。

7　5本の指にとっても優しい　布草履のできあがり

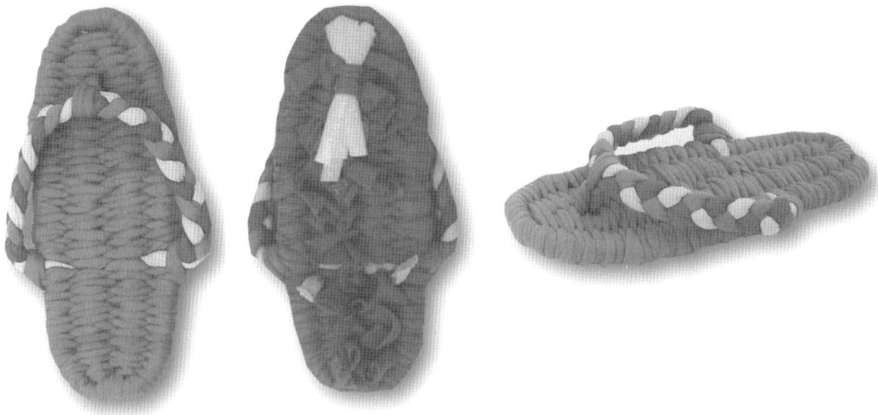

芯紐や編布に芯を加えて腰のある草履にする

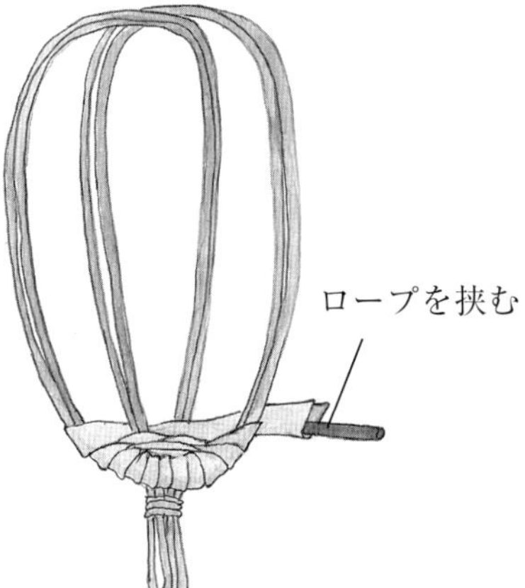

♪♪　草履本体の周囲に梱包用平ロープの芯を加える方法

ロープは5mm幅に切ります。38ページのつま先を編むときに芯紐の中心に平らなロープを添わせて編布を巻き付けて草履編みをします。整形後に余った平らなロープを切ります。

♪♪　編みながら芯を入れていく方法

編布を2つ折りにしてロープを挟みます。折り目が手前に来るようにし、重ねながら草履編をしていきます。麻、綿、ポリプロピレンなどの3mmほどのロープを芯にします。

8　草履を履くと足が元気になります

●足の筋肉をバランスよく使えるようになる
●指の間がさらさらになる
●5本の指が鍛えられて安定がよくなる
●つまずいても踏ん張れるようになる
●足の裏を刺激して血流がよくなる

5本指ソックスと共生関係

夏は、素足で草履を履くのが風通しが良く気持ちいいものですが、冬は、足袋や5本指ソックスが、必要になります。自然志向の生活を送る人達にも足先の動きの良い5本指ソックスと草履は、セットで愛用されています。

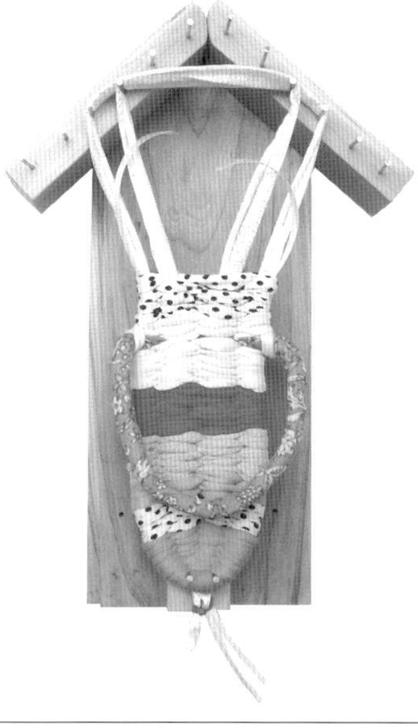

お家の形のチカコ式編台

芯紐が横に広がるので両横のフックが不要になります。フック分の空間ができて編みやすくなり制作時間が短縮できます。草履の幅を4本の指で調節しながら編みます。

芯紐の掛け方は、杉澤式と同じです。草履の幅を広くしたい時は、屋根の軒先の釘に掛けます。草履の幅を狭くしたい時は、屋根の棟に向かって移動していきます。

踵のサイズを計っているところ

おわりに――加藤美枝子さんの草履の思い出話

藁草履の作り方を伝授してくださった加藤さんは、昭和7年、足助町盛岡の霧山、いまの愛知県豊田市のお生まれです。

「学校へは、自分で作った草履を履いて30分ぐらいのところを歩いて通いました。1日に1足を作りました。新しい草履は、学校へ履いて行き、壊れそうになった草履は、ほころびを補修しながら家で履きました。いよいよ履けなくなると、桑畑の低いところへ堆肥と一緒に置いておきました。草履は、厩肥と一緒に畑の肥えになりました。昔は横緒も藁で作ったけれど、いまは、赤い布や青い布を巻き付けてかわいくなるように作っています」と加藤さんは言われます。藁草履は、まさに人間と自然とが共存し生活している循環のシステムのお手本であることを教えられました。

加藤さんのご好意でこの本ができました。

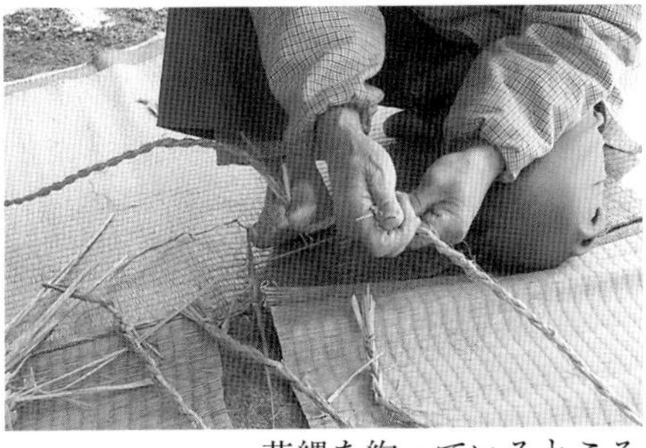

芯縄を綯っているところ

参考文献

大島暁雄『民族探訪事典』山川出版社、1983年

田原久編『民具』(「日本の美術」第 58 号) 至文堂、1971年

名久井芳枝『実測図のすすめ』一芦舎、1986年

宮本馨太郎 『民具入門事典』柏書房、1991年

宮崎清『藁　1』法政大学出版局、1985年

［著者略歴］
杉澤周子（すぎさわ・ちかこ）
1944年、香川県生まれ。
1976年、日本編物検定協会審査委員
1990年、武蔵野美術短期大学部美術科卒業。
〔グループ展〕
中日展賞候補、ATC大賞佳作賞、東京セントラル美術館油絵大賞展、高尾大賞展準大賞受賞。
インスターレション:guild K.I.O.S展、M・C//A・S・K展「時/堆積」失われていくもの。
インタラクション:OSAKA造形CENTER企画「樹は人の営みを記憶する」
〔個展〕
インタラクション:「Live together」。オブジェ:「救急箱」「森」シリーズ。平面「生物学的地図」シリーズ。
〔ワークショップ〕
子供達と作る「緑の地図」。
うさぎとかめプロジェクト:「物々交換」「時間を下さい」「ポンもう一度生まれたい」。

連絡先:〒470-0154　東郷町和合ヶ丘1-3-9　杉澤周子
URL http://wood-people.web.infoseek.co.jp/

装幀／フロンティア

布草履・藁草履を作ろう

2006年 7月31日　第1刷発行　（定価はカバーに表示してあります）
2007年 3月20日　第5刷発行

著　者　杉澤 周子
発行者　稲垣喜代志

発行所　名古屋市中区上前津2-9-14　久野ビル
振替00880-5-5616　電話052-331-0008
http://www.fubaisha.com/
風媒社

乱丁・落丁本はお取り替えいたします。　＊印刷・製本／安藤印刷
ISBN978-4-8331-5158-0